黄河國家治理文獻集成（民國卷）第九册

《黄河國家治理文獻集成》編委會　編

總第七十三册

整理豫河方案

陳汝珍　著

董杰　編

黄河流域十年實地調查記

黎桑　著

董杰　編

內蒙古出版集團
內蒙古人民出版社

圖書在版編目（CIP）數據

整理豫河方案 / 陳汝珍著 ; 董杰編. 黄河流域十年實地調查記 / 黎桑著 ; 董杰編. -- 呼和浩特 : 内蒙古人民出版社, 2025. 8. --（黄河國家治理文獻集成）.
ISBN 978-7-204-18450-7

Ⅰ. TV882.1

中國國家版本館 CIP 數據核字第 2025G50Q94 號

整理豫河方案　　**黄河流域十年實地調查記**

陳汝珍　著　　黎桑　著

編　　者　董　杰
策劃編輯　賈大明
責任編輯　李月琪
裝幀設計　劉那日蘇　吉　雅　安立新
責任監印　李倩茹
出版發行　内蒙古出版集團　内蒙古人民出版社
地　　址　呼和浩特市新城區中山東路 8 號波士名人國際 B 座 5 層
網　　址　http：//www.impph.cn
印　　刷　内蒙古愛信達教育印務有限責任公司
開　　本　880mm × 1230mm　1/16
印　　張　12.25
字　　數　140 千
版　　次　2025 年 8 月第 1 版
印　　次　2025 年 8 月第 1 次印刷
印　　數　1—1000 册
書　　號　ISBN 978-7-204-18450-7
定　　價　100.00 元

編纂委員會

主　　任　陳利保

副 主 任　周承英　吴義學　王　瑶

成　　員　賈大明　何可欣　董立群　羅　婧　王曉俊　董麗娟
白　玲　特日格勒　徐　飛　李月琪　王麗燕　李　琳

主　　編　董　杰

副 主 編　張曉東　曹　玲

委　　員（按姓氏筆畫排序）
王　丹　王智慧　王鑫義　白胡日查　朱紫陽　李　萌
李新蕊　姚亞菲　陳　思　曹佳興　梁芹洋　張文文
張　岩　張博原　張　祺　張曉英　喬恩懋　賀　莎
楊　怡　楊建國　楊　承　霍燕平　魏雪剛

引言

千古河流成沃野，幾年沙勢自風湍。

得益于黄河冲積所帶來的疏松土質和有機物，中華先民利用石製工具開始了農業生産，并逐步發展出旱地粟作農業，『能够最大程度保障食物供給的穩定性，奠定了中華文明起源和形成的堅實基礎』〔一〕。而利用河水灌溉，提高區域可預測農業産量，『在産業史上起着最有决定性的作用』〔二〕。隨後，技術進步、經濟發展、人口增加，讓先民的文化生活大爲豐富。嚴文明先生評價道：『這是一場影響深遠的革命。』〔三〕在這場革命中，平衡水、沙、産、人四者之間的關係，始終是黄河治理的核心問題。四者關係一旦失衡，就容易引發諸多灾患。

歷史上，黄河下游因人口稠密、經濟發達，一直是學術界關注的重點。但自河源至今内蒙古托克托縣河口鎮的黄河上、中游區域，雖遠離王畿，人口稀疏，却也一直備受關注，人們逐步認識到黄河全流域治理是國家的重要任務。《漢書》載：『堤防之作，近起戰國，雍防百川，各以自利。』〔四〕没有全流域的協同治理，僅靠各地分段築堤，則黄河河患無法解决。秦建立了中國歷史上第一個中央集權大一統王朝，秦始皇東巡碣石，刻石銘記『决通川防，夷去險阻』〔五〕，開啓中央政府調動各要素治黄之先河，這『在中國，實質上是國家的一種職能』〔六〕。同時，國家通過對黄河的有效治理，爲沿黄流域人民群衆乃至其他地區人民群衆提供了重要的公共物品和産業支撑，成爲人民群衆眼中中央政府的功過評價指標之一。因此，治黄在增强沿黄各族群國家、政治、文化認同的基礎上，强化了中國大一統國家的合法性，成爲歷代國家治理能力的一個重要測度。

一、黄河治理維護了國家的社會穩定

從秦并六國到漢朝建立大一統國家，中國統一的多民族國家形成并得到初步發展。當時中央政府對所轄疆域有『北邊郡』和『内郡』之稱。内蒙古額濟納旗出土的居延漢簡有載，『貇（墾）田以鐵器爲本北邊郡毋鐵官印器内郡令郡以時博賣予細民毋令豪富吏民得多取販賣細民』，可以看出北邊郡是與内郡相對應的行政管轄區域。《史記》卷二十八『封禪書第六』載：『上乃遂去，並（并）海上，北至碣石，巡自遼西，歷北邊至九原。』〔七〕。《史記》卷三十『平準書第八』載：『天子北至朔方，東到太山，巡海上，並（并）北邊以歸。』〔八〕司馬遷多次提及北邊，足見統治者對北邊治理的重視。

漢武帝時，齊人延年提出從今内蒙古引黄河水經今北京一帶，向東注入渤海，以衛北部邊疆。『是時方事匈奴，興功利，言便宜者甚衆。齊人延年上書言：「河出昆侖，經中國，注勃海，是其地勢西北高而東南下也。可案圖書，觀地形，令水工凖高下，開大河上領，出之胡中，東注之海。如此，關東長無水災（灾），北邊不憂匈奴，可以省隄（堤）防備塞，士卒轉輸，胡寇侵盗（盜），覆軍殺將，暴骨原野之患。天下常備匈奴而不憂百越者，以其水絶壤斷也。此功壹（一）成，萬世大利。』[九]《史記》卷二十四『樂書第二』載：『天馬來兮從西極，經萬里兮歸有德。承靈威兮降外國，涉流沙兮四夷服。』[十]如今，包頭地區出土了『四夷盡服』瓦當，出土文物與傳世文獻的呼應，成爲黄河治理維護祖國北部邊疆穩定的見證。

《史記》卷三十『平凖書第八』載：『嚴助、朱買臣等招來東甌，事兩越，江淮之閒（間）蕭然煩費矣。唐蒙、司馬相如開路西南夷，鑿山通道千餘里，以廣巴蜀，巴蜀之民罷焉。彭吴（吳）賈滅朝鮮，置滄海之郡，則燕齊之閒（間）靡然發動。及王恢設謀馬邑，匈奴絶和親，侵擾北邊，兵連而不解，天下苦其勞，而干戈日滋。』[十一]清代《汾陽縣志》卷十三『藝文』收録曹學閔《開修黄蘆嶺車路紀德政碑記》，上載：『永寧州，界連西陲，北達邊外歸綏諸路，商賈遠貿粟麥，泛皮船隨黄流南下，聚于州西磧口，一府之民仰利賴焉。而東至太原，南抵平陽，州縣凡二十餘，亦視汾爲槖籥，蓋所繫非特一方生計矣。』[十二]民國時期，東北淪陷後，開發西北刻不容緩，而『黄河中游之水利，自應加以擴充及整理，藉（借）收桑榆之效，以挽狂瀾於（于）萬一』[十三]。

因黄河流域自然條件優越，歷朝歷代都十分重視對此地的開發，通過强有力的國家干預方式推動各類産業的發展，爲中國北部疆域的形成和社會穩定奠定了基礎。

二、民族交往、物資交流、技術轉移促成黄河治理共同體

《史記》卷十五『六國年表第三』載：秦始皇三十三年（前214），『築長城河上，蒙恬將三十萬』[十四]。這數十萬人中，擁有一技之長的人員不在少數。由此，邊地人口不斷增多，而豐富的物産則促進了商品交流與統一市場的形成。西漢《鹽鐵論·力耕第二》記録了『异物内流』的情形：『是以贏（騾）驢馲駞（駝），銜尾入塞，驒騱騵馬，盡爲我畜，鼲鼦狐貉，采旃文罽，充於（于）内府，而璧玉珊瑚瑠（琉）璃，咸爲國之寶。』[十五]此後，黄河北岸的『贏（騾）驢馲駞（駝）』『驒騱騵馬』『鼲鼦狐貉』『采旃文罽』與西南織錦、中原麻織、農作物等物資相互交流，逐步形成統一的國内大市場，加强了邊疆與其他地區的經濟聯繫，促進了邊疆特色産業的發展。

隨着民族交往交流交融的增强，清代以降，黄河流域内蒙古段輸入到内地的也不僅僅是『异寶』了。《綏遠通志稿·水路》載：『自乾隆以還。口外墾殖日廣。民殷物阜。出境之油、糧、鹽、鹼（碱）、甘草各貨。入境之日用雜貨。山西與歸綏往來之商運。凡經河路者皆以托屬河口爲唯一之碼頭。』[十六]從清乾隆年間到民國時期，由内蒙古經黄河運到山西的貨物有糧、油、鹽、碱、藥材、皮毛等，其中以糧油爲最大宗。糧食品種主要有糜黍、穀子、高粱、豆類及玉米、大小麥

内蒙古供貨支綫有從阿拉善盟阿拉善左旗吉蘭泰鹽池到山西吕梁市磧口鎮的運鹽駝路，五原縣、臨河區一帶各大幹渠的運糧水道，杭錦旗、達拉特旗的甘草馱運綫，鄂托克旗的運鹼駝路。内蒙古段各條支綫以供貨爲主，山西段若干支綫以運銷爲主。

《臨縣志》載：『清朝乾隆至民國年間，陝、甘、綏、蒙等地的物資，通過此航綫運達磧口，再用牲口馱運到離石、吴城，轉運至東路（汾、平、介、孝等縣）。據民國 20 年（1931）統計，每年從綏遠磴口航至磧口的貨船不下 4000 餘艘』，『是陝、甘、綏、寧與晋西北物資集散之重鎮』。〔十七〕可見，内蒙古在甘肅、寧夏與陝西、山西等沿黄上下游物資交易中起到了重要的聯結作用；同時也吸引了山西、陝北、河北、山東、甘肅等地的農民遷移至此，并將開渠打壩、引水澆地等農業生産技術、手工技術和商業貿易經營方式帶到這裏。他們在此扎根，除了從事農業生産外，還挖甘草、下窑背炭、在黄河上拉船、在沙漠中拉駱駝、打短工放冬羊、開碾磨油坊，等等。不同地域、不同民族的人們合力修築河渠、引水興業，逐漸形成休戚與共的共同體。其間積纍的産品交易、商業管理、社會治理等方面的經驗，在今天依然有借鑒意義。

清代『首重治河，探河源以窮水患』〔十八〕，但更深層次的考量是『宣揚大一統及增强國家認同』〔十九〕。黄河流域人口基數大、分布廣，而全流域治理理念將不同地區、不同民族的人們凝聚成命運共同體，而『大一統』理念正是這一治理實踐的核心主題。

三、黄河流域拓展了中國的發展空間

早期統治者因巡幸及邊防建設所需，統籌管理沿黄馬道，維持着中央政府對北邊的有效治理。河套平原引黄渠道的建設爲秦漢王朝屯田事業提供了基本的水利保證，并將這些區域變成防禦北部邊患的大後方與根據地。于是，沿黄馬道、沿黄河運與萬里茶道、草原絲路等陸路運輸聯通起來，促進了中華文明與其他文明的交流互鑒，拓展了新的發展空間。

新中國成立之後，沿黄各族兒女在中國共産黨的領導下團結合作、艱苦奮鬥，實現了大河安瀾。黄河流域建立起行之有效的防洪抗汛機制，支撑着沿岸的産業發展，改善了周邊生態環境。當代治黄史證明，正是由于中國共産黨的正確領導以及集中力量辦大事的制度優勢，纔從根本上減輕了河患的威脅。進入新時代，黄河流域在築牢安瀾根基的同時，以蓬勃活力拓展着中國的發展空間。沿黄九省區在協同發展中不斷釋放潛力，讓黄河流域成爲國家區域協調發展戰略中不可或缺的重要一極，爲中國的發展源源不斷地注入新動能。

綜上所述，黄河流域的治理不是單純的河道治理、生態環境治理或社會治理，而是一種關涉水、沙、産、人四者關係的系統性、協同性治理，是推動國家可持續發展的動力，也是厘清國家治理與邊疆治理兩者動態交互實際效果的絶佳視角。而黄河工程等『中國本土理論資源、學術積釁』〔二十〕，有助于研究國家治理的演進歷程。進入新時代，黄河治理與國家治理的關係研究不斷開闢新視角、持續涌現新成果，其中鑄牢中華民族共同體意識、邊疆治理與黄河流域生態保護和高質量發展成爲非常重要的研究視角。因此，基于這一角度搜集整理黄河國家治理文獻，意義重大。《黄河國家治理文獻集成》，應運而生。

本叢書系統梳理了黄河治理的歷史脉絡與經驗，既爲新時代黄河流域生態保護和高質量發展提供了歷史鏡鑒，更以文獻爲載體，傳承了治理智慧、凝聚了民族力量，是服務國家發展戰略、鑄牢中華民族共同體意識的重要學術實踐。

《黄河國家治理文獻集成》編委會

二〇二五年一月

〔一〕韓建業：《中華文明的起源和形成》，載《中華民族共同體研究》2022年第4期，第80-91+172頁。

〔二〕中共中央馬克思恩格斯列寧斯大林著作編譯局：《馬克思恩格斯選集》第二卷，人民出版社，2014年，第240頁。

〔三〕嚴文明：《黄河流域文明的發祥與發展》，載《華夏考古》1997年第1期，第49-54+113頁。

〔四〕（漢）班固：《漢書》卷二十九『溝洫志第九』，中華書局，1964年，第1692頁。
〔五〕（漢）司馬遷：《史記》卷六『秦始皇本紀第六』，中華書局，1963年，第252頁。
〔六〕冀朝鼎：《中國歷史上的基本經濟區與水利事業的發展》，朱詩鰲譯，中國社會科學出版社，1981年，第7頁。
〔七〕（漢）司馬遷：《史記》卷二十八『封禪書第六』，中華書局，1963年，第1398-1399頁。
〔八〕（漢）司馬遷：《史記》卷三十『平準書第八』，中華書局，1963年，第1441頁。
〔九〕（漢）班固：《漢書》卷二十九『溝洫志第九』，中華書局，1964年，第1686頁。
〔十〕（漢）司馬遷：《史記》卷二十四『樂書第二』，中華書局，1963年，第1178頁。
〔十一〕（漢）司馬遷：《史記》卷三十『平準書第八』，中華書局，1963年，第1420-1421頁。
〔十二〕（清）方家駒修，（清）王文員纂：《汾陽縣志》卷十三『藝文』，清光緒十年刻本，第57-58頁。
〔十三〕王華棠，劉錫彤，吳樹德：《黃河中游調查報告》，華北水利委員會編印，1934年，第1頁。
〔十四〕（漢）司馬遷：《史記》卷十五『六國年表第三』，中華書局，1963年，第758頁。
〔十五〕王利器：《鹽鐵論校注》，中華書局，1992年，第28頁。
〔十六〕綏遠通志館：《綏遠通志稿》第十冊，內蒙古人民出版社，2007年，第176頁。
〔十七〕臨縣志編纂委員會：《臨縣志》，海潮出版社，1994年，第273，321頁。
〔十八〕趙爾巽等：《清史稿》卷一二六『河渠一』，中華書局，1977年，第3715頁。
〔十九〕劉惠：《乾隆朝重構黃河河源的實踐與國家認同》，載《清華大學學報》（哲學社會科學版）2018年2期，第147-154+195頁。
〔二十〕許耀桐：《當代中國『治理』概念的演進探析》，載《國家現代化建設研究》2023年3期，第100-111頁。

出版前言

黄河，中華民族的母親河，她不僅孕育了中華文明，更見證了中華民族數千年的發展歷程。習近平總書記深刻指出：『從某種意義上講，中華民族治理黄河的歷史也是一部治國史。』這一重要論述，爲新時代黄河文化的保護傳承以及流域治理提供了根本遵循，也深刻揭示了黄河治理在國家發展和民族復興進程中的核心地位。在學習貫徹習近平新時代中國特色社會主義思想，積極響應國家黄河流域生態保護和高質量發展重大戰略，大力推進北疆文化建設的背景下，《黄河國家治理文獻集成》的編纂出版，具有重要的歷史意義、學術價值與現實指導意義。

黄河治理，自古以來就是國家的頭等大事。從遠古時期大禹治水，到當代運用科學技術進行系統治理，中華民族在數千年的時間裏，積纍了豐富的治河經驗，留下了浩如烟海的文獻遺産。《黄河國家治理文獻集成》收録了元代至民國時期古籍、朱批奏摺、期刊圖片等多模態文獻資源。這些文獻内容豐富、維度多元，既包含記載河工技術、治理方略等的專書，又有漢文朱批奏摺、工程檔案以及不同區域的調查研究報告等。民國時期的文獻則標志着現代水利科學開始融入黄河治理，展現了我國水利事業在時代變革中的創新與發展。近代照片的收録則以更加直觀的方式將黄河治理、黄河沿岸的風貌呈現給讀者。

該文獻的出版，不僅是對瀕危黄河文化遺産的及時搶救與保護，更是對我國水利史、國家治理史、邊疆治理研究學術鏈條的重要補充，具有較高的文獻價值和學術意義。尤爲重要的是，這一集成工作，深度契合鑄牢中華民族共同體意識這一全黨全國各族人民的共同任務。各民族在治理黄河的歷史進程中，緊密協作、共同探索，這些珍貴文獻便是各民族交往交流交融和中華文明認同的生動見證。對這些文獻進行整理出版，能够讓各族人民更加深刻地認識到，在歷史長河中，各民族共同爲黄河治理貢獻了力量，共同守護了家園，從而進一步增强對中華民族共同體的認同感與歸屬感，夯實鑄牢中華民族共同體意識的歷史根基。

《黄河國家治理文獻集成》以『國家治理』爲核心綫索，構建起一個全面、系統、多維的文獻體系：在時間跨度上，聚焦從元代至民國這一傳統治河向現代水利轉型的歷史時期，爲深入研究我國水利事業的發展脉絡提供了清晰的時間坐標；在内容分類上，細緻劃分爲技術專著、工程檔案、區域研究、朱批奏摺、科學報告、圖片等類别，涵蓋黄河治理的各個方面，從不同角度展現了我國在黄河治理上的探索與實踐；在版本選擇上，秉持嚴謹、科學的態度，確保文獻内容的準確性與代表性，爲學術研究奠定堅實基礎。

在編纂過程中，叢書特别注重『全流域治理』的理念，不僅收録了有關下游防洪治河的重要文獻，還涵蓋了中游地區水土保持以及上游地區灌溉開發等方面的珍貴記載。這種對黄河全流域治理的全方位關注，與當前『共同抓好大保護，協同推進大治理』的要求高度契合，充分體現了叢書在傳承歷史文化遺産的同時，緊密服務于當代國家發展戰略的時代價值。

在出版過程中，嚴格保持原書的版式與行款，最大程度地還原文獻原貌。對于部分出現黴變、殘缺的頁面，運用先進的數字化修復技術進行精心處理，在保留原始批注與印章痕迹的基礎上，兼顧了文物的真實性與文獻的可讀性。

此外，爲了更好地服務讀者，方便學術研究，本叢書新增了目録、提要等内容，這些新增部分由編委會精心撰寫。新增目録一般編製二級，個别圖書編製三級；原書有目録而内文無對應標題的，根據原書目録照録；原書目録爲關鍵詞或者其他情况的不編製目録；原書目録與内文不一致的，以原書内文爲準；原書無目録的，按卷端、版心或其他部分輯録；一册書中收録多種圖書的，以書名爲一級標題，編製二或三級。在文字使用上，統一使用現代漢語規範繁體字，對于原版文獻中的异體字、避諱字也使用現代規範繁體字，無對應規範繁體字的保留原字。

《黄河國家治理文獻集成》的出版，是對黄河文化遺産的一次系統性、搶救性保護，具有重大而深遠的現實意義：從學術價值層面來看，叢書成功構建起一座連接傳統與現代治黄文獻的橋梁，爲黄河流域生態保護、水利工程史、國家治理史、邊疆治理、中華民族共同體學等多個領域的學術研究提供了豐富、翔實的基礎文獻，有力推動了相關學科的發展與創新；從文化價值角度而言，生動展現了北疆文化與黄河文化在歷史長河中的交融共生，爲内蒙古『北疆文化』品牌建設提供了堅實的文獻支撑，進一步豐富了中華文化的内涵與外延；從實踐價值方面考量，書中所藴含的治河理念爲我們在新時代背景下實現人與自然和諧共生、推動黄河流域可持續發展提供了寶貴的歷史經驗與智慧啓示。

在此，我們要衷心感謝各藏書機構的大力支持，正是他們提供了珍貴底本資源，纔使得本叢書的編纂出版成爲可能。同時，我們也要向文化遺産智能應用服務中華民族共同體建設『英才與蒙』團隊致以崇高的敬意，他們歷經五年的辛勤耕耘，以嚴謹的治學態度和專業的學術素養，對文獻進行了系統的整理和輯録，爲叢書的内容質量提供了堅實保障。此外，我們還要特别感謝内蒙古自治區黨委宣傳部、内蒙古出版集團將本叢書納入『北疆文庫』重點項目，并在出版過程中給予全方位支持與幫助。

我們衷心期待，這套凝聚着無數心血與智慧的《黄河國家治理文獻集成》，能够在新時代的『黄河大合唱』中奏響歷史的强音，爲黄河流域生態保護和高質量發展注入强大的歷史動力，讓黄河文化在保護中傳承，在傳承中創新，在創新中不斷發展，綻放出更加絢爛的光彩。同時，希望這套叢書能够成爲促進各民族文化交流、鑄牢中華民族共同體意識的重要載體，助力各民族更加緊密地團結在一起，共同爲實現中華民族偉大復興的中國夢而努力奮鬥，讓中華民族共同體意識在黄河文化的滋養下，扎根于每一位中華兒女的心中，成爲推動中華民族不斷前進的强大精神力量。

提　要

整理豫河方案

《整理豫河方案》由陳汝珍（1895—1968）著。陳汝珍，字慰儒。該書是民國時期的一本地方志，主要記録了豫河地區的水利規劃和治理方案。書中詳細描述了豫河的流域、河道及其治理難題，并提出了具體的整治措施和改進方案。其内容涉及水文數據、工程設計、施工技術和維護管理等方面，爲當時的水利工程建設提供了重要參考。這份方案不僅體現了當時對河流治理的重視，也反映了民國時期在水利工程上的技術水平和管理理念。

本次出版采用民國二十年鉛印本。

黄河流域十年實地調查記

《黄河流域十年實地調查記》，又名《十年行程録》，由黎桑所著。黎桑，又名桑志華（1876—1952），是法國科學院博士、著名生物學家。

該書全套分爲 6 册，包括文字分册、地圖分册和圖集分册。該套學術成果是桑志華在 1914—1923 年間，對我國黄河以北廣大地區探尋考察的真實記録。該書不僅詳細記録了作者所到各地的風土人情、環境物候、動植物資源、河流湖泊等情况，還包括多幅手繪地形地貌及部分科考途中拍攝的照片，對研究中國北方動植物資源、地質地貌、河湖流域以及人文歷史有著重要的學術價值。《黄河流域十年實地調查記》是民國時期少有的長期流域跟蹤調查，可爲當代黄河研究提供基礎數據。原稿大部分已遺失，僅存目録部分，本次出版照實輯録。

目録

整理豫河方案

序 一
目録 三
黄河形勢及變遷圖 一三
黄河平剖面圖 一四
第一章 總論 一五
第二章 現擬治河之步驟 二〇
第三章 款項 八七
第四章 利益概算 九三
第五章 結論 九六
勘誤表 九九

黄河流域十年實地調查記　一〇一

後記　一七一

整理豫河方案序

中國三大流域黃河居其一揚子江珠江俱在南部人咸稱其利黃河在北部爲害則獨甚此豈限於地勢與水性使然歟要亦因負治河之責者向無具體方案有以致之耳歷代治河之書無慮汗牛充棟多係注重於防患如治河方畧河防治略安瀾迴瀾記要居濟一得行水金鑑諸書所載亦不過高其堤防斬其不汎濫潰決爲能事求其假借河流資爲民利者迥乎未之前聞民十六年國民革命軍戡定豫中央始有組織黃河水利委員會之提議因頻年受戰事影響迄未果行今者陳君汝珍長豫河務任事以後親歷河干作精密之勘察凡水性之緩急地勢之高低料物之存儲人工之預備無不窮源竟委博訪周諮慘澹經營乃有整理豫河方案之作既成見示並囑爲之序余盥而誦焉除圖以外首視察次測量終設計與施工而其最要主旨不唯除水患且進而興水利誠爲治豫河者開從來未有之一新紀元夫整理豫河必須標本兼治而治本之策尤切於治標斷非徒事疏濬防堵而能濟事必也以基本之運爲作統系之計畫順水之性因地之

宜並溝通惠濟賈魯沁衛諸河流脈絡分明通盤籌畫某處可以便航運某處可以資灌田某處水宜於瀦某處水宜於洩他如造林飲料種種副業亦可次第施行馴至政入漸增用費日減國家人民不但不受水之害並獲水之利完成一種最偉大之建設事業以仰副　先總理水利救國之遺意竹以此爲嚆矢矣中華民國二十年十一月張廷休序於河南省政府

整理豫河方案目錄

第一章　總論

第一節　導言

第二節　黃河之形勢

第三節　河道之變遷附黃河形勢及變遷圖

第四節　歷代治河之方略

第二章　現擬治河步驟

第一節　視察

第一目　組織視察團

第二目　規定視察任務

一　農田水利

二　工業水利

三　航運水利

四　整理堤防

五　節流制沙

六　調查已往河流情形

第三目　視察期限

第四目　視察團之設備

第五目　視察團之經費

第二節　測量

第一目　組織測量隊

第二目　規定測量任務

一　測量黃河暨匯黃各水河道及沿岸地形

二　測量黃河上下游暨匯黃各水河口流量含沙量以及附近雨量氣象與蒸發量

第三目　測量期限

第四目　測量隊之設備
第五目　測量隊之經費
第三節　設計
第一目　添聘技術人員
第二目　黄河沿岸防險工程附黄河平剖面圖
一　整理兩岸堤埽埝埽歲修工程
二　整理黄河沿岸交通計畫
三　完成黄河沿岸造林計畫
四　整理河道計畫
第三目　匯黄各水節流減沙工程
一　沿各河源山谷築埽及擇地建築攔河埽計畫
二　於各河源山面普通造林計畫
第四目　黄河沿岸水利及疏濬工程

一 導黃入惠濟與賈魯計畫（即黃惠河工程計畫）
二 導黃入衛計畫
三 黃河南岸虹吸灌田計畫
四 黃河北岸虹吸灌田計畫
第五目 滙黃各水農田水利工程
一 閿鄉縣入黃各水沿岸計畫
二 靈寶縣入黃各水沿岸計畫
三 陝縣橐水沿岸計畫
四 伊河沿岸計畫
五 澗河沿岸計畫
六 瀍河沿岸計畫
七 洛河沿岸計畫
八 沁河沿岸計畫

九　濟河沿岸計畫

十　丹河沿岸計畫

十一　汜河沿岸計畫

第四節　施工

第一目　工作程序暨期限

第三章　款項

第一節　設備費

第一目　儀器費

一　視察團

二　測量隊

第二目　交通費

一　裝置沿河長途電話費

二　汽車

三　汽船

四　挖泥機

第二節　視察暨測量費

第一目　視察團經費

第二目　陸地測量經費

第三目　水文測量經費

第三節　建築費

第一目　導黄入惠濟與賈魯工程費

第二目　導黄入衛工程費

第三目　黄河南岸虹吸灌田工程費

第四目　黄河北岸虹吸灌田工程費

第五目　黄河兩岸堤埽垛埽歲修防險工程費

第六目　添築黄河石壩束水疏河工程費

第七目　黃河兩岸造林費
第八目　匯黃各水沿岸農田水利計畫
第九目　匯黃各水節流減沙工程費
第四節　管理費
第一目　薪工
第二目　旅費
第三目　工具
第四目　雜支
第五節　意外費
第六節　分期需款預算

第四章　利益概算

第一節　農田水利
第一目　導黃入惠濟與賈魯兩河沿岸灌田每年利益概算

第二目　導黃入衛沿岸灌田每年利益概算
第三目　黃河南岸虹吸灌田每年利益概算
第四目　黃河北岸虹吸灌田每年利益概算
第五目　匯黃各水沿岸灌田每年利益概算
第二節　工業水利
第一目　開封自來水廠
第二目　鄭州自來水廠
第三目　沁洛兩河沿岸水磨造紙工業利益
第三節　航運水利
第一目　黃河本身航運利益
第二目　惠濟與賈魯兩河航運利益
第三目　衛河航運利益
第四目　沁洛兩河航運利益

第四節　造林利益
第一目　黄河兩岸造林利益
第二目　匯黄各水沿岸造林利益
第五章　結論

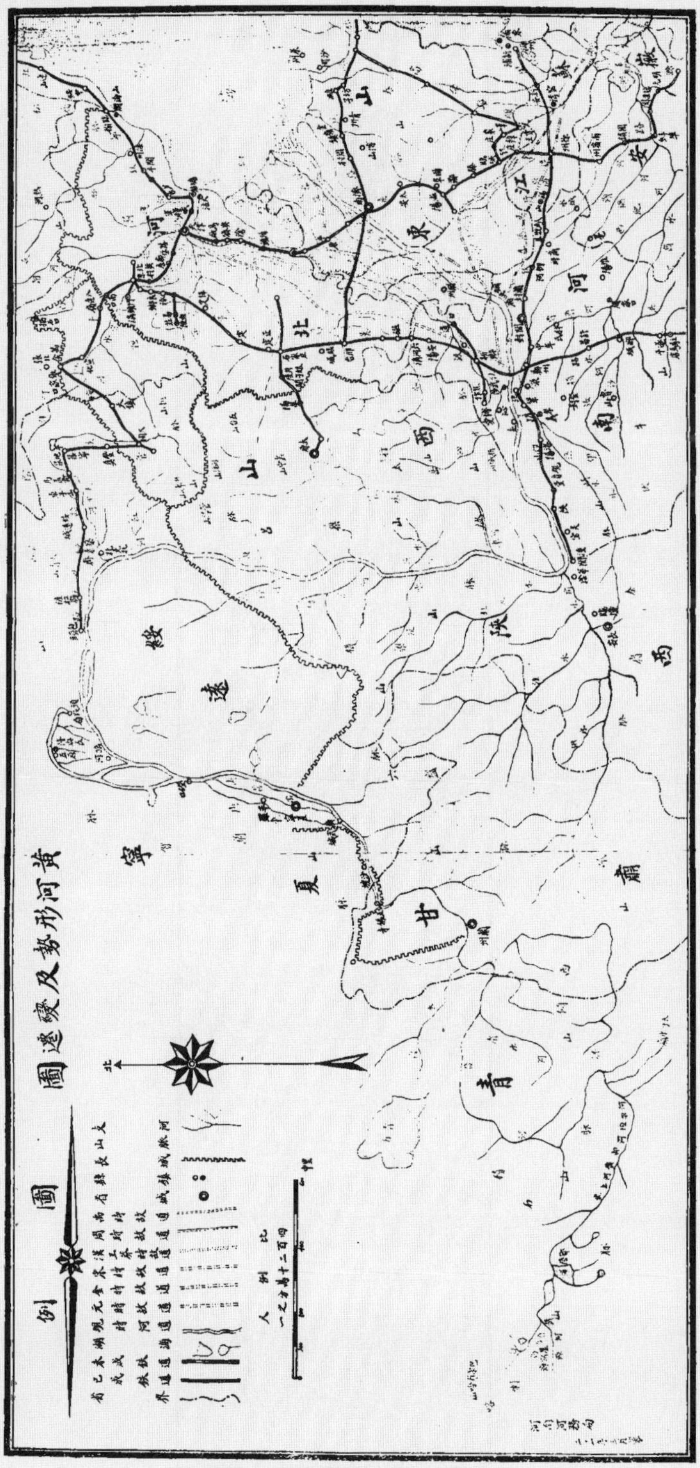
黄河形势及交通图
图例

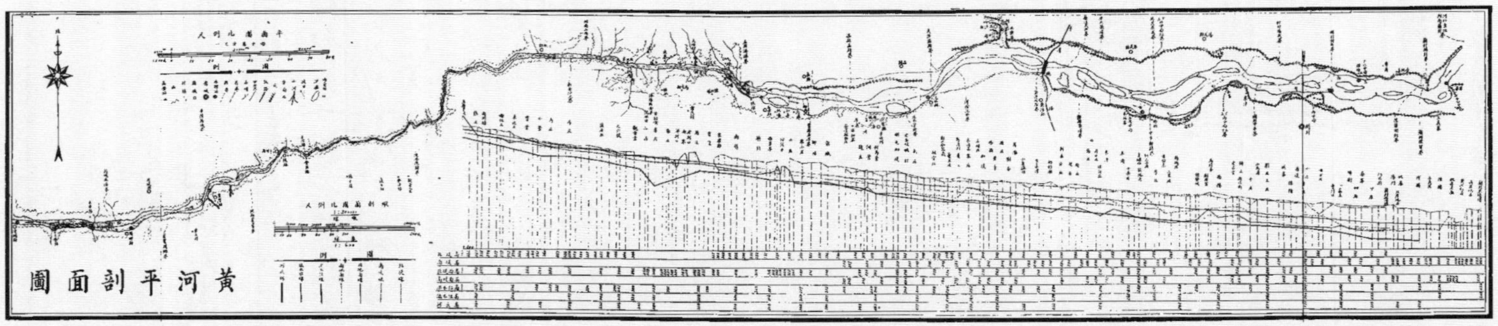
黃河平剖面圖

整理豫河方案

第一章 總論

第一節 導言

黃河爲患係吾國歷史上一大問題考之官書紀載私家論述治河之法幾於充棟汗牛然類多救弊補偏求一有系統之策略絕少即間有之又以重於除水患方面而對於興水利者則未之前聞夫天下之水性一也能爲患即能爲利黃河豈眞異於他水哉汝珍承乏菱防將十越月夙夜憂懼雖現時責任僅在防患範圍而私意竊未敢以防患爲自足也故自冬徂夏周歷河干數次相其地形度其水勢復參攷古今中外治水成法謹將整理豫河列爲方案如左

第二節 黃河之形勢

黃河發源於巴顏喀喇山由青甘寧綏曲折紆迴經山陝豫冀約七千餘里至山東而入海河水自始達至河套爲利而不爲害自大佘太突入沙漠之後渾濁赤紫泥沙俱下且

道雍而涇渭諸水合道冀而汾水合道豫而伊洛瀍澗丹沁汜淶諸水又合其流愈遠其合愈多而其勢愈猛然自滎澤上溯西北水行地中河流雖遠然起伏寬狹多以地勢高厚山垣束縛雖少灌溉之利亦無潰决之患自滎澤而下水行地上地勢平衍水得暢行奔騰浩瀚不可嚮邇且土質鬆散不耐冲激防範稍疏恣爲泛濫河之爲害實自此始

第三節　黄河之變遷附黄河形勢及變遷圖

黄河河道自禹治水成功至今遷徙無常然大别之金明昌以前皆由東北入海明昌以後奪淮入運及改由今道入海其變遷共分六次禹貢導河積石至於龍門南至於華陰東至於砥柱又東至於孟津東過洛汭至於大伾北過洚水至於大陸又北播爲九河同爲逆河入於海中間河間滄州南皮東光慶雲獻縣山東平原海豐寧津吴橋等處皆爲禹之故道周定王五年河决宿胥口自禹治水成功至是凡一千六百七十六年而河道一變漢文帝時河决酸棗東潰金堤武帝元光三年春河水徙頓邱東南流入渤海夏復决濮陽瓠子注鉅野通淮泗汎郡十六此爲河與淮通之始尚未入於淮也王莽始建國

一年河決魏郡從開州濮縣間由徒駭河入海而河道再變自是歷南北朝迄無大患唐二百八十餘年雖有河患非決卽溢河道無大變更宋仁宗時河決商胡埽遂爲二股河北股循今運河至天津入海南股奪馬頰河槽由無棣入海而河道三變金章宗明昌五年河決陽武故堤灌封邱而東分兩派北派由北淸河入海南派由南淸河匯淮入海而河道四變自後河水大半入淮但北淸河之流仍未絕至元世祖至元新鄉河決修復復決徙入陽武縣之南而新鄉以北之河流遂廢至二十六年會通河成始以一淮受全河之水而河道五變自是以迄有明一代其間雖有變異然均係由運奪淮以至於海及淸咸豐五年河決銅瓦廂就故大淸河道入海而河道六變此歷代黃河變遷之大略也

第四節　歷代治河之方略

史記稱禹以河所從來者高水湍悍乃厮二渠以引其河北載之高地過洚水至於大陸播爲九河同爲逆河入於海孔子稱禹盡力乎溝洫孟子稱禹疏九河瀹濟漯蓋水患皆因下流壅塞而成必先施功於下流以疏其積滯之勢然後施功於上流以濬其發源決

九川距海而水之大者有所歸濬畎澮距川而水之小者有所洩皆順其自然之性而不與水爭爲世疏鑿之智無外於此周時封井分畫之制詳溝洫澮川起自田畝旱蓄潦泄任之農功土不堤而固水不渠而洒河行地中不勞而定戰國諸侯以鄰爲壑齊趙魏各國均築堤禦水以增田畝自圖便利實開堤防之始賈讓謂土之有川猶人之有口也治土而防其川猶止兒啼而塞其口豈不遽止死可立待故善爲川者決之使道善爲民者宣之使言備陳三策後漢王景採其上中二策用之成功明臣邱濬至謂古今治河無出此策宋太祖時河堤屢決分遣使行視發幾甸丁夫繕治歲以爲常皆以正月首事季春而畢開寶中詔沿河州縣準舊制藝桑棗外別課民樹楡柳爲河防太宗時河決滑縣詔發丁夫塞之堤久不成議治遙堤使者以爲制遙堤不如分水勢自孟抵輝雖有堤防惟滑與澶最爲狹隘可立分水之制宜於南北岸各開其一節減暴流視分水河道之長短作爲閘門啓閉隨時務平均濟通舟運溉農田此富庶之資也但未實行爲可惜耳賈魯治河功成歐陽元奉命製河平碑訪問方略作河防記於疏濬塞三者及治堤治埽之

法言之綦詳明徐有貞治河請先疏水水勢平乃治決決止多方建閘壩以時宣洩無溢涸而後河可得安時有撓其議者有貞出二壺一竅五竅者各一均注水而泄瀉之五竅者先涸議乃定於是作治水閘疏水渠又曰河水過則害微則利乃節其過而導其微趨於平復作放水閘於東昌龍灣魏灣間上制其源下放其流既節且宣用平水道宏治中河決原武白昂治之築陽武長堤疏月河十餘以殺其勢復自魚台至黃橋修古長堤自東平至興濟小河十二引水入大清及古黃河入海蓋分治而主疏也邱濬之言曰欲得上流之消洩必先使下流之疏通國家誠任心膂之臣俾其沿河流相地勢於其下流迤東擇其便利之所就其汙下之處條為數河以分水勢河既分疏之後水勢自然消減然後從下流而上於河身之中去其淤沙或推而蕩滌之或撓而開通之使河身益深足以容水則中有所受不至溢出河之波不及于陸下有所納不至東溢而河之委易達於海則害漸除而利日興潘季馴亦謂視其勢之所決而可以別為支流者宜因而瀹之使其流既分則勢益殺而河當漸安又曰徒濬上流而不疏其下流疏下流而不竟其所歸猶

病不循其本而執其標未見其效也又曰下流通上流不治而自平支流廣正流不淤而自殺誠爲不易之論有清如張伯行靳輔諸河臣於治河之法融會貫通體貼入微大抵皆主疏塞並舉因地制宜而其效易見至於沿河植柳始自明平江伯陳瑄功用甚大劉天和六柳説尤爲曲盡其妙自是均列爲治河工程之一此外關於起土起泥起沙如鐵龍爪抓沙船混江龍鐵箆箕大鐵犂陸行船無不應有盡有綜上所論澹災濬沉每爲經國之大計施工立策代有聞人惜囿於經驗泥於舊法無科學之研究乏機械之便利以與近代各國治河學術相比擬則宜加改進者實多誠能據已往之成規參各國之新法權其緩急併力以赴之安知黄河流域之繁榮不復見於今日耶

第二章　現擬治河之步驟

第一節　視察

第一目　組織視察團

視察爲一切工程進行之初步工作倘能視察周密報告詳明然後依據報告派隊次第

施行測量則不惟可以節省經費並可縮短測繪時間俾得早日設計施工如期完成整理計劃茲將視察團之組織分別如左

（一）組織視察團兩團各設團長一人團員三人

（二）團長由總局技正兼充或聘委具有學識經驗者充任之團員一半由總局技士兼充一半擇有學識經驗者委任之

（三）團長承局長之命督率團員實地視察並負責呈報視察事務

（四）團員受團長之指揮分途視察及報告視察事件

第二目　規定視察任務

黃河暨匯黃各水如丹沁汜蕣伊洛瀍澗等水沿岸水利水患可興可除之處甚多亟宜切實調查以資設計整理務使數十年來爲患之黃河一變而爲功利無疆之黃河茲將視察應行注意各項分別略述如左

（一）農田水利　引水灌田我國自古有之既分水勢復得水利誠一舉兩得之道亟

宜推行以盡地利而減河患所有現在黄河暨匯黄各水河岸高低情形低者能否設閘開渠高者能否裝設機器或借水力引水升高以資灌溉以及灌溉地畝之面積暨每年生產利益之多寡均須一一查明呈報以憑核辦

（二）工業水利　吾人利用天然能力而爲機械之原動力者不外風力熱力水力三種而三者之中風力最微熱力尤須燃燒煤油惟水力則利用水流自高而下衝動水輪發生電力既不用煤復不用油倘得適當地点則一架水力發動機所生電力可敵數萬馬力如世界最著之美國尼加拉瀑布水力發電廠其明証也硯察時對於各河流量流速坡度瀑布等應當切實考査詳細研究以免抛棄水利於無用之地

（三）航運水利　航運便利與否於商業狀况農產物品文化程度均有密切關係在航運便利之處其商業日見繁盛農產物品極易推銷社會經濟極行活動其人民亦有餘力研究文化如長江流域其明証也現在黄河上流暨匯黄各水河道

情形是否均能通行航運適用何種航船或須疏濬或須導引以及航綫之長短工商業之良窳均須切實査明以憑核辦

（四）整理堤防　黄河暨匯黄各水兩岸長數千里連年財政支絀工款欠發以致隄岸殘破不堪時生危險亟應迅速査明修補完善以免决口爲患

（五）節流制沙　黄河爲患最大原因有二（一）因河水所含沙量過多河床沉澱日高河流變遷無常難於防守（二）夏秋之際山洪暴發匯黄各河水勢湍激挾帶泥沙一瀉而下以致黄河陡漲時生危險以上二者亟應詳査河源山谷之間可否節節設閘以減流量而制泥沙藉除黄河根本之患

（六）調査已往河流情形　治河工事多根據既往情形爲計畫之標準故凡主流方面之變遷水面之高下漲落之時限歷年防禦之工事材料之出產與運輸以及有關治河之其他事件要宜博採旁搜以資根據

第三目　視察之期限

查豫境黃河暨各支流長約五千餘里每月每團視察工作平均以二十里計算連同陰雨時期不能工作時間計須半年始可視察完竣

第四目　視察團之設備

視察時應用物件以及消耗物品均須於事前籌備完全以資應用兹將應行置備各物列表如左

視察團設備費預算表

項目	數量	單價	共價	備攷
羅盤儀	三	一〇〇、〇〇	三〇〇、〇〇	
手水平儀	三	五〇、〇〇	一五〇、〇〇	
計步表	三	二、五〇	七、五〇	
寒暑表	一	一五、〇〇	一五、〇〇	

皮尺三盒	一八、〇〇	五四、〇〇	
簿記		一〇、〇〇	
藥品		一〇、〇〇	
浮標			自製不另計値
應用雜品		五三、五〇	
總計		六〇〇、〇〇	

第五目　視察團之經費

按照本節第一目之規定組織視察團兩團並按照本節第三目視察期限以半年爲度其經常費預算列表如左

視察團經常費預算表

項目	月支	半年支	備攷

薪工	一、五六〇、〇〇	九、三六〇、〇〇	一團月需薪工費七百八十元兩團共計如上數
旅費	九六〇、〇〇	五、七六〇、〇〇	一團月需旅費四百八十元兩團共計如上數
雜費	二〇〇、〇〇	一、二〇〇、〇〇	一團月需雜費一百元兩團共計如上數
總計	二、七二〇、〇〇	一、六三二、〇〇	

第二節　測量

第一目　組織測量隊

本局測量工作共分兩種（一）陸地測量（二）水文測量茲將其組織分述於左

（一）　陸地測量隊

陸地測量計設二隊共設職員如左

隊長一人

測量員四人

助手四人

測夫八人

伙夫二人

（二） 水文測量隊

水文測量暫設一隊共設職員如左

隊長一人

測量員一人

助手二人

測夫四人

伙夫一人

水勢雨量記載員九人

第二目 規定測量任務

測量之任務共分兩種（一）測量黄河及匯黄各水河道並沿岸地形（二）測量黄河上下游及匯黄各水河口流量含沙量以及附近雨量氣象與蒸發量等前者藉以攷查各河地形之高下河道之曲直寬窄以及沿河村莊之位置後者藉以攷查晴雨節期水勢漲落時各河流量暨含沙量以及流率之標準等以上種種情形關係治河根本設計極爲重要

第三目　測量期限

（一）陸地測量

陸地測量係根據視察團之報告詳加測繪計分河道與地形測量各一隊查沁河及孟津以下之黄河自民國七年本局附設測量處詳測以來兩岸地形大部雖無甚變更惟河道遷徙靡常沙淤溜移滄桑屢見必須另行測繪方得精確標準計沁河長一百五十里平均河道約寬二里共有面積五百方里黄河孟津迤下至豫冀交界長約五百里應測河道平均以二十里寬計算共有面積壹萬方里統黄沁兩河應行復測之河道面積

壹萬零五百方里以二測量隊測之兩隊每日工作以二十方里計算需五百二十五日竣工至於匯黃各水以及孟津以上之豫境黃河從無詳細測量計匯黃各水共長約二千五百里應測寬度平均以一里半計算共有面積三千七百五十方里而黃河本身長約五百里應測寬度平均以五里計算共有面積二千五百方里二者統計共有面積六千二百五十方里以二測量隊測之約需三百一十三日竣工

統計匯黃各水及黃河本身之陸地測量共需八百三十八日每年除陰雨風雪等日停止工作外實行測量以九個月計算約需三年又一個月始克蒇事

（二） 水文測量

水文測量擬暫設流量站九處如下（一）潼關黃河（二）閿鄉（澗河口）（三）靈寶（澗河口）（四）陝州（澗河口）（五）洛河口（六）汜水口（七）溮河口（八）沁河口（九）柳園口黃河每站用一人觀察上流方向雨量蒸發量氣象各流量站安置標尺觀察水面高下推算流量並由水文測量隊輪流施測計潼關及柳園口二站每站需七日其餘各

整理豫河方案

站每站祇需二日共需二十八日工作時東行用船西行乘車來往約一千六百里計需十五日連同陰雨及在總局停留時期每兩月即可測量一遍隨時製成河床切面變遷圖流速流量曲線水面漲落曲線以資各站應用至於沿河各縣之雨量氣象等擬函請建設廳通令各該縣建設局長按月分報本局

第四目　測量隊之設備

測量隊之設備共分三種(一)陸地測量隊之設備及預算(二)水文測量隊之設備及預算(三)繪圖儀器費

(一)陸地測量隊之設備及預算表

項目	數量	單價	共價	備攷
經緯儀	二	一七〇〇、〇〇元	三四〇〇、〇〇元	
水平儀	二	七〇〇、〇〇	一四〇〇、〇〇	
平板儀	二	一七〇〇、〇〇	三四〇〇、〇〇	

(二)水文測量隊之設備及預算表

項目	數量	單價	共價	備考
塔尺	二	三〇、〇〇	六〇、〇〇	
水平尺	八	二〇、〇〇	四〇、〇〇	
鋼尺	二	六〇、〇〇	一二〇、〇〇	
皮尺	六	一八、〇〇	一〇八、〇〇	
測桿	一二	二、五〇	三〇、〇〇	
望遠鏡	二	一〇〇、〇〇	二〇〇、〇〇	
步表	四	二、五〇	一〇、〇〇	
永久水準點	四〇	五〇、〇〇	二〇〇〇、〇〇	用鐵筋三合土作
總計		一〇八八、〇〇		

流速計	二	一〇〇〇、〇〇元	二〇〇〇、〇〇	
經緯儀	一	一七〇〇、〇〇	一七〇〇、〇〇	
漲落自計儀	二	一四〇〇、〇〇	二八〇〇、〇〇	一設潼關一設開封
視距尺	二	三〇、〇〇	六〇、〇〇	
水標尺	九	二〇、〇〇	一八〇、〇〇	
電池	一〇	二、四〇	二四、〇〇	
測桿	四	二、五〇	一〇、〇〇	
玻璃分度器	一八	一、〇〇	一八、〇〇	
船	一			常年僱用
計秒表	一	五〇、〇〇	五〇、〇〇	
空盒氣壓表	九	一〇〇、〇〇	九〇〇、〇〇	

項目	數量	單價	共價	備攷
最高最低寒暑表	九	五〇、〇〇	四五〇、〇〇	
蒸發計	九	三〇、〇〇	二七〇、〇〇	
風速計	九	五〇、〇〇	四五〇、〇〇	
雨量計	九	一〇、〇〇	九〇、〇〇	
風向針	九	五、〇〇	四五、〇〇	
溫度計	九	三〇、〇〇	二七〇、〇〇	
總計			九、三二七、〇〇元	

（三二）繪圖儀器價目預算表

項目	數量	單價	共價	備攷
繪圖器	四	二五、〇〇元	一〇〇、〇〇	
丁字尺	二	五、六〇	一一、二〇	

三角板	四	三、〇〇	一二、〇〇
三棱尺	四	四、五〇	一八、〇〇
大號分度儀	四	一、五〇	六、〇〇
擦片	四	一、二〇	四、八〇
曲線	二	五、〇〇	一〇、〇〇
縮放儀	一	三四〇、〇〇	三四〇、〇〇
量面積儀	二	一〇〇、〇〇	二〇〇、〇〇
直線墨嘴	八	二、四〇	一九、二〇
總計			七二一、二一元。

第五目　測量隊之經費

經常費共分兩種（一）陸地測量經常費月需洋二一、三六〇、元年需洋二八、三三二

〇、〇〇元(二)水文測量經常費月需洋一、三六五元年需洋一六、三八〇元茲將兩種預算表分列於左

(一)陸地測量預算表

項目	額數	月支	年支	備攷
第一項薪俸	一四	一五六〇、〇〇	一八七二〇、〇〇	
第一目隊長薪俸	二	四四〇、〇〇	五二八〇、〇〇	隊長二人每月各支洋二二〇元
第二目測量員薪俸	四	六四〇、〇〇	七六八〇、〇〇	測量員四人每月各支洋一百六十元
第三目助手薪俸	八	四八〇、〇〇	五七六〇、〇〇	助手八人每月各支洋六十元
第二項工餉	一〇	一一六、〇〇	一三九二、〇〇	
第一目測夫工餉	八	一二〇、〇〇	一四四〇、〇〇	測夫八人每月各支洋十五元
第二目伙夫工餉	二	二〇、〇〇	二四〇、〇〇	伙夫二人每月各支洋十元

項目	月支	年支	備攷
第三項辦公費	六〇、〇〇	七二〇、〇〇	表冊文具郵電掛號旗號及油炭茶水等費每月共需洋六十元
第四項繕宿費	三〇〇、〇〇	三六〇〇、〇〇	每隊每日補助繕宿費洋五元
第五項旅雜費	三〇〇、〇〇	三六〇〇、〇〇	每隊每日共需搬運旅雜等費洋五元
共計		二二三六〇、〇〇二八、三三〇、〇〇	

（二）水文測量預算表

項目	額數	月支	年支	備攷
第一項薪俸		五〇〇、〇〇元	六〇〇〇、〇〇元	
第一目隊長薪俸	一	二二〇、〇〇	二六四〇、〇〇	隊長一人月支洋二二〇元
第二目測繪員薪俸	一	一六〇、〇〇	一九二〇、〇〇	測繪員一人月支洋一百六十元
第三目助手薪俸	二	一二〇、〇〇	一四四〇、〇〇	助手二人每月各支洋六十元
第二項工餉		五五、〇〇	六六〇、〇〇	

第一目測夫工餉	三	四五、〇〇	五四〇、〇〇	測夫三人每月各支洋十五元
第二目伙夫工餉	一	一〇、〇〇	一二〇、〇〇	伙夫一人月支洋十元
第三項雜費		三六〇、〇〇	四三二〇、〇〇	
第一目舟車費		一五〇、〇〇	一八〇〇、〇〇	
第二目旅費津貼		一五〇、〇〇	一八〇〇、〇〇	
第三目雜支		六〇、〇〇	七二〇、〇〇	
第四項水文觀測站		四五〇、〇〇	五四〇〇、〇〇	
第一目觀測員	九	三六〇、〇〇	四三二〇、〇〇	
第二目辦公費	九	九〇、〇〇	一〇八〇、〇〇	
總計		一、三六五、〇〇	一六、三八〇、〇〇	

第三節 設計

第一目　添聘技術人員

河務原屬專門工程非素有研究富於經驗之人分工合作不惟成效難期且鮮有不誤事者本局工程人員除所屬各分局技術員外總局僅有工程科科長一人技正一人技士五人而已前此只任防險造林諸工作尙感人少事繁若以之實行大規模之治河計劃更難兼顧故擬增加名額廣集專材庶幾人稱其職工收其效計應添聘工程師三人測繪員六人

第二目　黄河沿岸防險工程附黄河平剖面圖

（一）整理兩岸堤埽埽歲修工程

（一）南岸

甲　孟津　自鐵謝（孟津屬）迤上以至滽關河中最高水面均較岸低沿河向無大堤亦無危險鐵謝迤下盛漲水面時較河岸爲高是以民國初年常爲災患後經華洋義賑會修築石壩三道土堰二十六里因之十數年

來民以少安去歲河溜南圈土堰均被冲破淹沒村莊三十餘處人民苦之應將該堰修築完整以資防禦

乙 滎澤 黃河橋東滎澤民堰節節臨防河中伏秋盛漲水面常較堤外河岸高出五尺以上大溜爲京漢路鉄橋逼注不得暢流迴環冲刷形勢最爲重要且民堰十一堡地段於清同治七年曾經決口現在堤身破壞異常應卽修培以免疎虞

丙 鄭縣 查鄭上汛二三四堡堤身土鬆年久失修破壞太甚一逢大溜卽成巨險鄭下汛頭二兩堡係清光緒十三年鄭工決口合龍之處近年河勢南移復成坐灣臨河護堤壩垛逐漸塌陷形勢亦極險要均應加石修培以防意外

丁 中牟 縣境堤工共長六十餘里土質鬆疎全恃石工掩護現在中上汛六八兩堡壩垛被溜冲塌甚多中下汛一二三堡係清代決口之處前昨

兩年一再生險雖經鋪修護石但根基淺薄遇溜卽蟄應再添備石料以資防守

戊　開封　省城西北二十五里黑崗口卽清代決口合龍之處上下數里堤身頗形單弱北臨大溜南近潭坑墒埽被冲多已塌卸據測量報告夏秋最高水面比較北門石限高出一丈以上一旦決堤則開封全城皆淹沒矣急應購料增修完善又城北柳園口上首河岸日漸塌陷埽墒已多蟄落亦須加鋪護岸石工

己　蘭封　自開封柳園口至蘭封雷集現在仍係背工無險雷集附近東墒頭一段自銅瓦廂決口後卽頂冲大溜因年久失修堤身殘破過甚須塡築完整以免釀成巨工又查黄河南行故道口門之處堤身多係飛沙年來竟被大風吹平一百數十丈是以今夏水勢盛漲時卽漫溢爲災若不及早採取土石修築堅固則河道實有復行奪淮入海之勢不可不早防

也

(二) 北岸工程

甲 孟縣 近年河勢南圈該縣堤岸已成背工且工存石料尙多即或有險亦可無虞

乙 溫縣 該縣大堤頂寬三丈高三尺至五尺不等盛㬇水漲大堤不沒者僅半尺許堤上間有人民自修子堰高一二尺寬二三尺力甚薄弱勢難防禦大河且自去年南岸鞏縣裴峪口石壩築成後河勢逐漸北徙頂冲該汛三四五堡堤段形勢尤險應將該汛堤身加寬加高并於三四五堡一帶分別添修壩垛以防不測

丙 武陟 沁河口迤東無險工迤西至㳘河入黃處一段堤身不甚整齊被重載車輛碾毀者甚多又因沁河口外沉澱積灘以致沁水宣洩不暢迴冲倒注堤工頗受影響據最近調査河水高於堤外地面者一丈有奇勢

甚險惡應將堤身修築完整以防疎虞

丁 開封北汛 縣屬陳橋堤工因受南岸柳園口大壩挑溜之影響去年老

灘塌陷七百餘尺今仍繼續坍塌堤身亦甚殘破亟應於沿岸從速修築

壩垛以資保護至十四十五及開陳北汛一二三各堤身現在正當大河

時見奔塌據測黄河水面較堤外岸高沿岸壩垛多已蟄卸形勢亟險亦

應從速補修

按黄沁歲修工程費年需洋二十萬元二十一年份仍按舊預算支付自二十二年起治

河計劃如見實行宜節並施河道改進歲修經費即可酌減計每年遞減三萬元至二十

八年止嗣後每年歲修工程費約需洋五萬元即可敷用

附堤壩埽垛歲修工程費預算表

第一年	民國二十二年	二〇〇、〇〇〇、〇〇
第二年		一七〇、〇〇〇、〇〇

年份		數目
第三年		一四〇、〇〇〇、〇〇
第四年		一一〇、〇〇〇、〇〇
第五年		八〇、〇〇〇、〇〇
第六年		五〇、〇〇〇、〇〇
第七年		五〇、〇〇〇、〇〇
第八年		五〇、〇〇〇、〇〇
第九年		五〇、〇〇〇、〇〇
第十年	民國三十年	五〇、〇〇〇、〇〇
總計		九五〇、〇〇〇、〇〇

（二）整理黃河沿岸交通計畫

沿河交通關係河工安危綦重蓋當大汛時期河水甚漲大溜冲刷異常猛烈沿岸隨時

均有發生險工之可能是以爲安全計擬將沿岸長途電話裝置整齊堤面道路修治完善以便消息靈通運輸便利即或遇險亦可即時派員運料馳至險工地段指揮防禦化險爲夷茲將擬設長途電話及購辦汽車之辦法畧述如左

（一）長途電話

民國十八年十月中牟堤身忽逢大溜日見坍塌當局者以消息不靈防禦稍遲即被刷去二十餘丈堤向內塌成弧形所存者不及原有寬度什分之二三岌岌有決口之患幸竭全力搶救得保無虞若即早施工所費當可省至十倍以上自是以後黃河南岸緊要地段始設長途電話計長一百五十里惟所用電桿皆係柳椽現已腐朽不堪適用電線暨電話機多於去歲軍事時期被敵掠去茲擬將話機電線電桿一律選購精良裝修整齊以期經久將原有電線接長西至北岸孟縣汛東至南岸陳蘭汛以便靈通消息易於防守計分幹綫支綫二種茲按其長途及應需工料分列於後

甲　幹綫

總局至下南分局二十里

總局至上南分局一百四十里

總局至上北分局二百四十里

乙

支綫

下南雷集支綫　自下南分局至蘭封縣雷集長一百里

下南中牟支綫　自下南分局至中牟險工處長四十里

上南滎澤支綫　自上南分局至滎澤汛辦公處（本汛第十堡）長三十四里

上南中牟支綫　自上南分局至中牟中汛辦公處長三十里

上北溫縣支綫　自上北分局至溫縣汛辦公處長六十里

溫孟支綫　自溫縣汛辦公處至孟縣汛辦公處長六十里總計幹支各綫共長七百二十四里

丙　需用工料價目表

工科	數目	單價	共價	備考
電話機	一〇架	八五、〇〇元	八五〇、〇〇元	
電綫桿	五〇〇〇根	二、五〇元	一二、五〇〇、〇〇	計應設電綫桿五百里每里十根應需電綫桿如上數
分電板	一	二〇〇、〇〇	二〇〇、〇〇	
瓷瓶	七二四〇個	〇、三二	二、三一六、〇〇	幹支各綫共長七二四里每里十個計應需瓷瓶如上數
電池	四〇個	二、四〇	九六、〇〇	每一電話機應需電池二个又備用二个計電話機應需池如上數

項目	數量	單價	金額	說明
鉛綫	五二三三斤	〇、二〇	一〇、四二六、〇〇	用十二號鉛綫每斤價二角長二丈五尺七百二十四里共需鉛綫如上數
花綫	一〇盤	一、四〇	一四、〇〇	
工夫費	工頭二人 工匠四人 雇工二〇人	一、〇〇 〇、八〇 〇、四〇	七九二、〇〇	擬分二組安設約兩月竣工共需工夫費如上數
運費	大車四輛	三、〇〇	七二〇、〇〇	每組大車二輛每輛每日三元以六十日計共需運費如上數
總計			二七九一四、〇〇元	

（二）汽車

查本局原有舊汽車兩輛車身及各項機件均已殘壞不堪除略加修理以便目前應

用外擬另購工用汽車三輛以備要需每輛以五千六百元計算共需洋一萬六千八百元

（三）完成黃河沿岸造林計畫

（一）沿河造林之必要

查黃河兩岸隄防多係沙土築成土質輕鬆潰决堪虞若於沿岸造林上端枝葉叢生結成綠閉水分賴以含養下端盤根錯節分佈地中土沙得以牢固此關於鞏固堤防亟應造林者一也沿岸廂埽所用稭料年費鉅款若於沿岸造林利用枝稍代替經久耐用不特隨時隨地可以取材且年省購料費用爲數亦屬不貲此關於工作材料亟應造林者二也黃沁兩河堤防兩岸合計不下八百餘里種植農作損壞堤面既爲河工所不許而任其廢棄地利未盡亦爲可惜若於沿岸造林將來樹木成材收益當不在少此關於利用廢地亟應造林者三也至其調和氣候美麗風景裨益衛生便利航運防止風砂改良土壤等等直接間接利益尤屬不可枚舉是以沿岸造林誠屬不可

再緩之圖

（一）沿河林木之現狀

甲　森林　沿河植樹在前亦爲重視惟無通盤規畫尚少顯著成績舊有林木計有七十七萬餘株大都任其天然生長從未加以修理枝葉橫生及病老枯朽者觸目皆是本年春集中全力積極造林先後營造柳雜各樹共四十餘萬株新舊樹木合計現有壹百二十萬株

乙　苗圃　民國十七年間沿河開辦苗圃三處並責成各分局自辦苗圃二處嗣後經費無着旋作旋輟各圃無人經理已呈荒蕪現象本年春爲實事求是計所有不適於育苗者完全取消以免有名無實其嘉應觀及柳莊苗圃並經派員整理積極育苗以備應用現存苗木除本年造林提用外計有幼苗十萬餘株

（二）沿河造林之計劃

查沿河造林計劃曾於十九年十一月間擬定當時趨重於黃河方面此次計劃復將

沁河堤段加入並規定堤段造林行株距離均爲五尺故林地株數及費用概算均有增加茲分別計劃於左

甲 林地 擬先就黄沁兩河原有河工地畝及所轄堤段爲限茲分A B兩項說明之

A 護堤地及河產地 此種地畝共有三百一十三頃十四畝二分五厘二毫茲列表於次

管轄分局	護堤地	河產地	合計
下南	六五二九、八六二畝	一〇八四三、三九五	一七三七三、二二二
上南	三三八一、三二	三九一、〇九八	三七七二、四一八
下北	六三七四、三五一	四四七、七八〇	六八二二、一三一
上北	二〇七二、二七七	五三九、六五〇	二六一一、九二七

西沁	三〇、〇〇〇	五二七、三八五	五五七、三八五
東沁		一七七、一七〇	一七七、一七〇
總計	一八三八七、八一〇	一二九二六、四四二	三二三四、二五二

B 堤面及堤坡　查黃沁兩河堤段兩岸合計約長八百餘里除埠道渡口外按八百里計算堤面寬度兩三丈至六七丈不等平均以五丈計算堤身高度六七尺至兩三丈不等平均以一丈計算堤坡斜度爲一與二之比堤坡之平面寬爲兩丈左右二坡及堤面寬共九丈除堤面道路三丈以外實餘造林地六丈以八百里計算共計八十六萬四千方丈其總面積爲一百四十四頃以上ＡＢ兩項共有造林地四百五十七頃十四畝餘

乙　劃分林區　以前造林各分局隊兵均各自爲政不惟調查保護難期周到而零星散植亦且不易見功此後擬先將林地劃爲若干區次將人工財力集中

一起共同工作先造第一區次及第二第三等區至造齊爲止

丙　造林總數　甲種林地株間行間平均以一丈計算約可造林一百八十八萬株乙種林地株間行間以五尺計算約可造林三百四十五萬株二共造林五百三十三萬株

丁　造林年限　黃沁兩河現有森林一百二十萬株則待造之林約爲四百一十三萬株此後擬分四年造齊每年應造之林爲一百萬株左右

戊　樹種之選擇　甲種林地擬栽植高柳及楡楝槐椿等項雜樹乙種林地擬多栽低柳

己　造林時期　擬規定每年二三兩月及四月上旬爲種植雜樹時期十二月全月及一月上旬爲種植高低柳時期但因特別關係亦可稍事變通

庚　苗木之取給　原有苗圃兩處業經加以整理積極育苗又現存健壯成柳本年春間施行頭木伐者已有一萬餘株以備培養柳椽第三第四兩年造林應

需各種苗木當可無虞缺乏至第一第二兩年所需苗木二百萬株除苗圃內現存苗木十餘萬株及每年可就地採取低柳三十萬株共計七十萬株外實在須購苗木祇一百三十萬株而已

辛 人工概算　栽植高低柳及雜樹平均以二十株爲一工（取苗挖坑栽植均在內）每年以造林一百萬株計算共需五萬工依第六項規定每年造林時期爲一百一十日除雪雨停工外按一百日計算每人二十株每日有五百人作工即可如期造齊

壬 保護　以前保護樹木完全責成各分局之汛兵惟各局汛兵人少事繁堤段綿長殊有看守難周之勢嗣後擬每汛酌量添僱汛兵責成分段看守巡視外並擬舉辦左列各事

A 宣傳森林之利益及河堤造林與沿河居民之關係以引起愛林思想減免盜代損壞之危害

B 與沿河民衆切實聯絡務使人人皆負有保護之責任

C 依據森林法規擬具保護森林法則務使沿河居民家喻戶曉俾知有所儆戒

癸 費用概算 計分林具苗木運苗栽植灌溉育苗雜支七項以下分述之

A 林具費 查現有造林器具爲數甚少依本計畫之規定舉行造林必須添置鐵鍁三百張需洋六百元十字鎬一百把需洋二百元月斧一百把需洋二百元水車一百輛需洋一千四百元四共需洋二千四百元（按四年計算修理費及補充費均在内）

B 苗木費 依照第七項規定應購苗木一百三十萬株高低柳及雜樹每株平均以五分計算共需洋六萬五千元

C 運苗費 每株運費大小遠近不等平均以六厘計算每年一百萬株共需洋六千元四年總數爲二萬四千元

D 栽植費　依第八項之規定應有五百人作工除抽調汛兵三百名輪流工作外每日應僱短工二百名每名需洋三角每日需洋六十元每年造林一百日共需洋六千元四年總數爲二萬四千元

E 灌溉費　沿河林地A種者臨河少背河多B種者復又高出地面土質乾硬非施行灌溉難期成活除由汛兵汲取河水隨時灌溉外其離河較遠之林地事實上須向附近鄉村出資購水按造林全數四分之一計算每株灌溉二次平均需水洋一分一百萬株共需洋一萬元

F 育苗費　現有苗圃兩處欲謀接濟第三第四兩年之苗木非寬籌經費積極整理不可關於此項費用計分臨時費經常費兩項如左

臨時費　兩圃開鑿及修理水井費計需洋八百元

經常費　兩圃各僱工頭一人月共支洋三十元年支洋三百六十元長工各十人月共支洋一百六十元年共支洋一千九百二十元肥料種子費年

共需洋四百八十元辦公雜支等費月共支洋四十元年支洋四百八十元

每年兩圃共需經常費洋三千二百四十元四年總數爲一萬二千九百六十元

以上育苗費經臨合計共需洋一萬三千七百六十元雜支費每年造林時期內之各種雜支及意外費用每年以一千元計算四年總數爲四千元

以上七項費用共需洋十四萬三千一百二十元茲將每年應需經費列表於左

項別＼年別	第一年	第二年	第三年	第四年	合計
林具費	一二〇〇	四〇〇	四〇〇	四〇〇	二四〇〇
苗木費	三〇〇〇〇	三五〇〇〇			六五〇〇〇
運苗費	六〇〇〇	六〇〇〇	六〇〇〇	六〇〇〇	二四〇〇〇

栽植費	六〇〇〇〇	六〇〇〇〇	六〇〇〇〇	六〇〇〇〇	二四〇〇〇〇
灌溉費	二五〇〇〇	二五〇〇〇	二五〇〇〇	二五〇〇〇	一〇〇〇〇〇
育苗費	四〇四〇	三二四〇	三二四〇	三二四〇	一三七六〇
雜支費	一〇〇〇	一〇〇〇	一〇〇〇	一〇〇〇	四〇〇〇
總計	五〇七四〇	五四一四〇	一九一四〇	一九一四〇	一四三一六〇

（四）整理河道計畫

昔人治河之法不曰不與水爭地卽曰增加堤防是以豫省黃河自鄭縣鐵橋以下二百餘里兩岸河堤相距至有二三十里之寬驟視之河面旣闊則水流蕩漾似爲安全之象徵但在有清一代全河決口三十九次此段竟至廿四次之多卽上溯黃河改道決口地點亦無不在此段極寬之處其故何也蓋黃河水勢浩瀚所含沙量世界河流無與倫比河面過寬一則任水沖刷自由紆曲紆曲甚則河路長河底傾斜因之縮小一近堤岸坐

灣頂衝則巨險成矣一則任水散漫河無正溜水分力弱沙易沉澱以致此段河底淤墊之高竟過堤外地面數尺至一丈以上一有潰決水性就下則澎湃恣肆不可收拾矣且沿河兩岸地多膏腴近時生計日高地價日昂若仍膠執與水爭地之戒不惟有礙河工且河身佔地太多或被水冲或被沙壓均不能耕種以盡地利每年所受損失更難數計綜上情形河寬之害昭然若揭補偏救弊自以束水攻沙爲治河惟一辦法玆擬於此段北岸建築新堤二百里兩堤間之河槽以足容納最大水量爲度並酌量裁灣取直務使縮短河路增其傾斜再按堤段里數修束水石壩三十道逼溜中泓刷深河道則泥沙不再淤澱河患自然消弭且讓出可耕地畝亦復不在少數一舉兩得無逾於此玆將築堤及建築石壩工程經費約計如左

新堤標準斷面圖

堤工　斷面面積共六百四十一方尺每里需土工一萬一千五百二十八方計長二百里共需土工二百三十萬零七千六百方土工按每方五角計算共需銀一百一十五萬三千八百元

壩工　按每里用壩三座埽九座需土二千二百五十方石四百五十方計隄長二百里共需土四十五萬方石九萬方土工按每方五角計算共需洋二十二萬五千元石料按每方十五元計算(運費在內)共需洋一百三十五萬元二宗合計統需洋一百五十七萬五千元

附工程預算表

項目	數目	單價	共價	備攷
石方	九〇、〇〇〇方	一五、〇〇	一、三五〇、〇〇〇、〇〇	石價及運費每方共十五元
土工	二、七五七、六〇〇方	〇、五〇	一、三七八、八〇〇、〇〇	人工在內

總計	二、七二八、八〇〇、〇〇

第三目　匯黃各水節流減砂工程

黃河爲患之原因在水量大而泥沙多淤墊速而水流緩靡人能知之靡人能言之奈顧歷來治河者不曰移民讓水即曰築堤增防而於黃河流量泥沙之節制減除多未計及查豫西晉南均屬最廣厚之黃土層與極疏鬆之沙礫層所分布且地勢高峻山嶺起伏其間溪澗泉瀑悉以黃河爲傾瀉之所每遇霖雨山洪暴發羣流奔趨挾泥帶沙一瀉而下浩瀚恣肆不可嚮邇土堤沙岸一經沖刷如湯沃雪崩潰立見且孟津以東地漸平衍河道寬廣斜度既微水流驟緩淤沙停積河床漸高沙洲橫亙阻礙大溜馴至溜無正道任意衝激不惟伏秋大汛其勢岌岌即冬春之季亦常有決口之虞故在地形高峻之處水含泥沙而衝擊之力大增地形平衍之處水含泥沙而沉積之勢加速欲救其弊自以節流減沙爲對症之藥茲略述計畫如次

（一）沿各河源山谷築壩及擇地建築攔河壩

查黃河伏秋盛漲每年不過三四次每次不過四五日惟流量陡增水面往往增高六七尺或丈餘不等其來源之旺水勢之猛可以概見豫境隘黃之水自滎澤以上南有伊洛瀍澗宏農稠桑諸河北有濟漭沁丹諸河其他澗水溪流匯入以上各河以入於黃或直接入黃者所在多有如能採用歐美各國谷閘成法於上游各河河源山谷之間節節築壩並擇適宜地段建築攔河大壩攔蓄山水以緩其流勢使暴發之水在一二日下瀉者緩至五六日或七八日不致一齊擁注源頭既有調節則河水自不至驟然陡漲防不勝防矣

（二）於各河源山面普通造林

查森林有防止風沙之功用豫省西部山嶺多屬黃壤易於沖刷實爲大部分之河沙來源頭宜從事森林之培植於各河源山面實行普遍造林則樹根有固結地土之功樹葉有吸收水分之能縱遇淫雨而傾斜之水被樹根節節攔濾流速緩而沖刷之力弱且土

地爲樹根所盤結亦無水冲坍塌之弊下瀉泥沙自然減少而黃河沙量亦與之俱少矣如是則河槽不易淤墊水流自可通暢故此項計劃應與沿黃堤岸造林工作同時並進用收標本兼治之效

第四目　黃河沿岸水利及疏濬工程

（一）導黃入惠濟與賈魯計劃（即黃惠河工程計劃）

查此案於民國十八年河南建設廳曾有詳細設計擬在開封城北柳園口設閘導黃入賈魯與惠濟最近河南建設廳復擬在原地安設虹吸管實行前項計劃惟查引黃入惠濟與賈魯開挖閘門自以柳園口爲合適若安設虹吸管當以黑崗口爲最適宜因安設虹吸管應擇水位較高河勢不常變遷之地段黑崗口自決口以後迄今終年臨河其最低水位亦較堤外水面高出八尺左右柳園口水位較低且河勢隨季變遷槽流不定爲安設虹吸管之最大障礙茲將其建築費及其利益約計如下

（1）建設費

甲　虹吸管　虹吸管八付約共需洋十萬元

乙　虹吸管基礎及其支座　建築八付虹吸管基礎及支座約需工料洋四千元

丙　鋼閘　鋼閘一道約需洋二萬五千元

丁　橋梁及木閘　橋梁及木閘共二十道每道需洋六千五百元約共需洋十三萬元

戊　堤外水道水池工程　堤外水道水池建築費約需工料洋一萬元

己　吸水機　火油機一部及裝設費約共需洋三千元

庚　護岸　護岸工程約需工料費三萬元

辛　土方　自黑崗口經柳園達南開封西關至尉氏境開挖河道約需土工費四萬元整理圈堤土工費約需一萬元

壬　購地費　開挖新河道約佔地九百畝平均每畝三十元計算約需洋兩萬七千元

　

癸　意外費　意外費所定爲建築費百分之五

附工程預算約數表

項目	件數	單價	總數	備考
虹吸管	八付		一〇〇、〇〇〇、〇〇元	
虹吸管基礎及其支座			四、〇〇〇、〇〇	
鋼閘	一道	二五、〇〇〇、〇〇	二五、〇〇〇、〇〇	
橋梁及木閘	二十道	六、五〇〇、〇〇	一三〇、〇〇〇、〇〇	兩河橋梁及木閘共二十道
堤外水道水池工程			一五、〇〇〇、〇〇	
吸水機	一部		三、〇〇〇、〇〇	
護岸			三〇、〇〇〇、〇〇	
土方			五〇、〇〇〇、〇〇	內有整理圈堤土工費一萬元

項目	金額	備註
購地費九百畝	二七、〇〇〇、〇〇	
挖泥機一架		此機時價未詳
管理費		酌定爲建築費百分之十詳列第三章第四節
意外費		酌定爲建築費百分之五詳列第三章第五節
總計	三八四、〇〇〇、〇〇元	

（2）利益

甲　賈魯河扶溝白潭以上暨惠濟河全河均以水源缺乏終歲乾涸是以鄭縣中牟尉氏扶溝西華商水淮陽關封陳留杞縣柘城鹿邑等屬十餘萬頃平原廣漠概係旱田倘能導引黃河豐富水源注入賈惠沿岸開挖支渠則可灌之田當不在萬頃以下每頃按增加生產三百元計每年所加之利約爲三百萬元

乙　開封城市乾枯飲料不潔推原其故皆由缺乏源頭水流之所致黄惠河成則不特城市爲之清潔開封自來水事業之發展亦可計日而待矣

丙　在昔漕運時東南貨物多沿賈魯而上直達鄭州渡河入衛北通平津乃交通運輸上重要之航路也後以鉄路築成航路遂廢河道亦漸淤塞今若導引黄河豐富之水挹注兩河則航運與鐵路聯貫暢通利益之大更倍於昔日矣

丁　開封城市地面均較黄河平均水面低下七尺一旦决堤則危險萬狀黄惠河成則堤岸自可爲開封之保障下游疏暢水有所歸卽令黄河發生危險亦可順黄河道而下不致汪洋蕩析貽害無窮是開封水患得以永除

（二）導黄入衛計畫

查黄河故道由沁河口左近直達新鄉長約八十餘里若就故道開挖新河導黄注入並在武陟第二道堤左近開一幹渠東至延津既有黄河豐富之水源則不惟武陟修武獲嘉新鄉滎澤原武陽武延津等縣可以開闢水地而衛河新鄉以下汲淇濬滑内黄等縣

之水利更當擴充且津衛航路暢通利莫大焉茲將其建築費及其利益各計如下

（1）建設費

甲　測量費　衛河流域及其灌溉面積内各種測量約需洋二千元

乙　購地費　幹渠渠道及兩岸寬九十二呎約佔地二千七百六十畝新河河道及兩岸寬一百四十呎約佔地三千五百七十畝渠河共佔地六千三百三十畝平均每畝三十元計算約需洋十九萬元

丙　土工費　新河底寬三十呎深八呎坡度1:2八十五里共挖土五十六萬三千餘方幹渠底寬十呎深八呎坡度1:2一百里共挖土三十七萬四千餘方河渠共挖土九十三萬七千餘方按每方五角計算需洋四十六萬八千元

丁　磚工費　建築新河堤身磚工約需洋兩萬元

戊　閘工費　導引閘節流閘及護岸工程約需工料洋五萬元幹渠跌水閘五道支渠分水閘數十道約需工料洋五萬元共約需洋十萬元

己　橋樑費　修橋二十座每座以二千五百元計算約需洋五萬元

庚　管理費　按建築費百分之十計算

辛　意外費　按建築費百分之五計算

附工程預算表

項目	數目	單價	共價	備考
測量			二、〇〇〇、〇〇	
購地	六、三三〇畝	三〇、〇〇	一九〇、〇〇〇、〇〇	
土工	九三七、〇〇〇方	〇、五〇	四六八、〇〇〇、〇〇	
硪工			二〇、〇〇〇、〇〇	
閘工			一〇〇、〇〇〇、〇〇	

橋樑　二〇座　二、五〇〇、〇〇

管理費　　五〇、〇〇〇、〇〇　總列第三章第四節內

意外費　　總列第三章第五節內

總計　八三〇、〇〇〇、〇〇

(2) 利益概算

甲　灌溉利益　渠河一百八十五里以左右灌溉一里面積計算約可灌田千頃衛河自新鄉至內黃三百餘里間除已興之水利不計外至少亦可增加水地一千餘頃共可灌地二千餘頃每年約可增加利益六十萬元

乙　航運利益　查衛河二十年前每日來往貨物重約千噸將來導黃入衛補充衛河水量汽船可以暢行無阻則來往貨物當能超過以前數倍且沿貫魯惠濟北達之粗重貨物均可沿衛運送是以每年所增航運利益至少可達五萬

元

總計導黄入衛每年所得利益當不在六十五萬元以下

（三） 黄河南岸虹吸灌田計畫

黄河南岸鄭縣花園口一帶河高於地虹吸引水灌溉田地甚屬相宜十七年已在該處安設六吋虹吸管一付試驗出水甚旺現擬添設二十四吋虹吸管十二付每付每秒出水以三十立方呎計十二付共出水三百六十秒呎將此水由索須河分兩支（一）入賈魯經鄭縣東境中牟南境至尉氏之歇馬營與自柳園口導黄入賈魯之水合流（二）自索須河向東開挖幹渠引水直達開封兩支水量按每十天灌田一次每次灌六吋深計算共可灌溉開鄭之間賈魯以北旱地一千餘頃兹將其各項費用及利益分列於後

（1）建設費

甲 虹吸管十二付每付需洋六千元共需洋七萬二千元

乙 吸水櫃 需洋七千元

丙 引水池 需洋八千元

丁 澄沙池 需洋一萬六千元

戊 測量費 需洋三千元

己 購地費 渠道自花園口至索須河一段共寬七十五呎佔地二百一十二畝五分自索須河至開封一段共寬五十一呎佔地二千一百四十二畝二段共佔地二千二百五十四畝五分平均每畝按二十元計算約需洋四萬五千餘元

庚 土工費 自花園至索須河一段底寬八呎深六呎坡度 1:2 每丈約挖土十二方五里挖土一萬零八百方自索須河至開封一段底寬五呎深四呎坡度 1:2 每丈約挖土五方二分一百四十里約挖土十三萬一千方二段共挖土十四萬一千八百方按每方五角計算約需洋七萬一千元

辛 疏濬索須及賈魯兩河道二百餘里暨建築橋樑與購地費約需洋六萬元

壬 管理費 按建築費百分之十計算

癸　意外費　按建築費百分之五計算

附預算表

項目	數目	單價	共價	備考
虹吸管	一二付	六、〇〇〇、〇〇	七二、〇〇〇、〇〇	
吸水櫃	一	七、〇〇〇、〇〇	七、〇〇〇、〇〇	
引水池	一	八、〇〇〇、〇〇	八、〇〇〇、〇〇	
澄沙池	一	一六、〇〇〇、〇〇	一六、〇〇〇、〇〇	
測量費			三、〇〇〇、〇〇	
購地費	二、二五四畝	二〇、〇〇	四五、〇八〇、〇〇	
土工費	一四一、八〇〇方	〇、五〇	七〇、九〇〇、〇〇	
橋樑費	一二座	五、〇〇〇、〇〇	六〇、〇〇〇、〇〇	

管理費		總列第三章第四節內
意外費		總列第三章第五節內
總計	二七九、九八〇、〇〇	

（2）利益

渠河共長三百餘里若於沿岸盡量開挖支渠引水灌地至少亦可增加水地一千餘頃以每畝每年增加生產三元計算共可增加利益三十萬元

（四）黃河北岸虹吸灌田計畫

開封陳橋虹吸灌田計畫

陳橋渡口一帶河床年年淤澱現已高出於堤北地面而北地勢平坦土壤多沙只以水量不足產量不佳計可灌溉之地約有八百餘頃擬於該處安設二十四吋虹吸管九付每付每秒出水以三十立方呎計算九付共出水二百七十秒呎開渠導引以資灌溉而

進地利茲將其工程費及其利益分列於後

（1）建設費

甲　虹吸管九付每付需洋六千元共需洋五萬四千元

乙　吸水櫃　需洋五千元

丙　引水池　需洋六千元

丁　澄沙池　需洋八千元

戊　測量費　需洋二千元

己　購地費　渠道寬六十二呎一百五十里佔地二千七百九十畝每畝以二十元計算約需洋五萬五千餘元

庚　土工費　渠道底寬八呎深五呎坡度1:2每丈挖土九方一百五十里挖土二十四萬餘方每方按五角計算共需洋十二萬餘元

辛　管理費　按建築費百分之十計算

壬　意外費　按建築費百分之五計算

附預算表

項目	數目	單價	共價	備攷
虹吸管	九付	六、〇〇〇、〇〇	五四、〇〇〇、〇〇	
吸水櫃	一	五、〇〇〇、〇〇	五、〇〇〇、〇〇	
引水池	一	六、〇〇〇、〇〇	六、〇〇〇、〇〇	
澄沙池	一	八、〇〇〇、〇〇	八、〇〇〇、〇〇	
測量費			二、〇〇〇、〇〇	
購地費	二、七九四畝	二〇、〇〇	五五、八八〇、〇〇	
土工費	二四〇、〇〇〇方	〇、五〇	一二〇、〇〇〇·〇〇	
管理費				總列第三章第四節內

意外費　　　總列第三章第五節內

總計　　　二二五〇、八八〇、〇〇

按灌溉面積八百頃每畝每年以增加生產三元計算共可增加利益二十四萬元

（2）利益

武陟縣御壩機器灌田計劃

查黃河北岸武陟縣御壩一帶堤南地面高於河面約八九呎若沿堤向東開渠直抵平漢路可灌之田約五十餘頃又前程村以北地勢低下終年潮溼難植五穀須排水者一百餘頃擬於御壩附近安設吸水機旱時吸取黃河之水導引灌溉澇時排水入河如是則旱澇無傷農事化赤鹵爲膏腴㶊其利大矣茲將各項費用及利益分列於後

（1）建設費

甲　引擎吸水機　按機器每馬力每秒出水〇、三一立方呎灌溉暨排水面積

約一百五十匹需一百五十匹馬力每日工作十二時十五日灌田一次每次灌四吋深每馬力需洋三百元共需洋四萬五千元

乙　測量費　灌溉區域內各種測量約需洋五百元

丙　機房蓄水池及安設等約需洋八千元

丁　購地費　渠道寬三十六呎除沿堤有本局柳蔭地不計外餘約佔民地二十畝每畝以二十五元計算需洋五百元

戊　土工費　渠道底寬四呎深三呎坡度　每丈挖土三方十五里挖土八千一百方按每方五角計算約需洋四千餘元

己　管理費　按建築費百分之十計算

庚　意外費　按建築費百分之五計算

附預算表

項目	數	目	單	價	共	價	備	攷

引擎吸水機　四五、〇〇〇、〇〇

測量費　五〇〇、〇〇

機房蓄水池　八、〇〇〇、〇〇

購地費　二〇畝　二五、〇〇　五〇〇、〇〇

土工費　八、一〇〇方　〇、五〇　四、〇五〇、〇〇

管理費　總列第三章第四節內

意外費　總列第三章第五節內

總計　五八、〇五〇、〇〇元

（2）開行費

甲　柴油　每馬力每小時需〇、五磅每磅洋三分每年灌田五次每次十五日共七十五日需洋二千零二十五元

乙　機器油　每馬力每小時需〇、〇五磅每磅洋五分七十五日約需洋三百

三十七元

丙　折舊費　需洋二十元

丁　薪工費　需洋二千元

戊　修理費　需洋一千六百元

開行費約共需洋七千九百餘元

1 2 兩項共約需洋七萬餘元

（3）利益

按灌溉暨排水面積一百五十頃以每畝每年增加生產三元計算共可增加利益四萬

五千元

總計黃河北岸灌田工程共約需洋三十四萬元

第五日　匯黃各水沿岸農田水利計畫

查豫省瀕黃各水經行諸縣往往可引以灌溉使沿岸開渠分引河水則農田利益不可勝計河水宣泄亦少淹沒之患矣

（一）閿鄉縣入黃各水

閿鄉南據秦山北臨黃河有朗水文峪水北流入黃水量不大舊有西董坊鄉諸渠灌田數頃重加修濬並多開新渠約可灌田十餘頃農田利益自當倍增

（二）靈寶縣入黃各水

該縣境內宏農河最大稠桑河次之其餘澗水均分歸二河以入於黃稠桑河在靈寶縣西境農民間有引以灌田因無渠道故未能盡水之利宏農河自縣南北流經城西入黃河長約百數十里沿岸舊有渠五十道引水灌田故有靈寶之富富於宏農之諺今則沿岸渠道淤塞廢弛山洪暴發田畝淹沒反受該河之害矣亟應疏鑿舊有渠道並將項中沙坡漢埰三新渠設法完成儘量引用河水可灌之田當有千餘頃

（三）陝縣渠水

橐水一名永定澗隋唐時代即鑿有利人廣濟二渠灌田數十頃現在源塞水小渠道淤塞每於伏秋山洪暴發沿岸淹沒擬加修濬以復原狀

（四）伊河沿岸

伊河源出盧氏縣境流經嵩縣平等自由洛陽偃師等縣入於洛河在平等縣境內伊水沿岸地勢平坦支流縱橫渠道林立惟馬營槐樹街一帶舊渠多已淤塞應加修濬以資灌溉

（五）澗河沿岸

澗河源出澠池縣境澠穀等水爲其支流經新安至洛陽入洛河有清一代沿岸開渠十餘道近年所開新渠及各支渠多未完工擬從事整理舊渠並完成新渠

（六）瀍河沿岸

瀍河源出孟津西境流山谷中兩岸甚高現已源塞水涸無水利之可言亟宜建築谷閘於山洪暴發時貯水以資灌溉

（七） 洛河沿岸

洛河自陝西雒南入豫經盧氏洛甯宜陽洛陽偃師鞏縣入黄河自洛甯至偃師沿岸渠道林立約灌田二千餘頃但洛甯宜陽洛陽三縣舊渠多係明清時代所開鑿現已大半淤塞宜加修濬洛陽宜陽境内之協濟洛宜大平三渠暨偃師縣孫家灣一帶之潯溪渠共計可灌田五百餘頃計劃數年迄未成功亟應設法完成自偃師東部至鞏縣境内兩岸較高且夏秋大雨泛濫爲患不宜開渠擬擇地安設吸水機以資灌溉

（八） 沁河沿岸

沁河貫沁濟博武四縣入黄長約百餘里築有四十九道閘門灌田千餘頃晉司馬孚由五龍口引沁水以灌沁濟溫孟武五縣農田之廣濟康濟等八幹渠清末河口淤塞渠道多年廢弛沿河水利不如前此之勝矣如將該河口暨各渠道重加疏濬完善除舊有水利之外當可增加水地數百頃且水利既興水患自減誠一舉而兩得之道至於工程費用俟查勘後再爲切實估計

（九）　濟河沿岸

濟河自濟源廟道溝起至大河莊入溴水河長約五十餘里灌田百餘頃因河槽淤塞渠道廢置現在能灌之田甚少亟應修濬以利民生

（十）　丹河沿岸

丹河經沁博兩縣注於沁河沿岸現有渠道可灌田五六百頃惟西岸各渠入口處因河底係青石岩層不易開鑿以致水流不暢擬將該處設法鑿深三數尺並築長約十五丈寬約二丈五尺之石壩一道則水量增加沁北之田可灌十之七八農民收益何止倍蓰

（十一）　汜河沿岸

汜水源出汜水縣南境山麓北平時量小河窄流行山谷之間每當伏秋山洪暴發時沿岸農田卽彼淹沒向無渠道但擇相宜地段建築谷閘及攔河壩提高水位貯水開渠灌田

第四節　施工

設計已定可以施工矣惟工程既多且鉅同期並舉自爲事實所難能必須酌量緩急次其先後以爲進行之標準方可計日程功有條不紊且人才經濟可以集中尤易收效兹擬定工作程序及期限備述於後

第一目　工作程序及期限

第一期　自民國二十年七月起至二十二年年底止

（一）視察工作於二十年七月一日起舉辦同年年底完成本章第一節

（二）黄河沿岸交通計畫於二十年七月一日起舉辦同年年底完成本章第三節第二目

（三）測量工作於二十年八月起舉辦二十三年八月底完成本章第二節

（四）導黄入惠濟與賈魯計畫於二十一年元月舉辦於下期完成本章第三節第四目

（五）沿各河源建築谷閘及擇地建築攔河壩計畫於二十二年元月起舉辦於二十四年六月底完成本章第三節第三目

（六）黄河及匯黄各水沿岸造林計畫於二十一年元月起舉辦於下期完成本章第

三節第二目及第三目

（七）整理黃沁歲修工程仍按舊有辦法進行本章第三節第二目

第二期 自民國二十三年元月起至二十五年年底止

（一）導黃入惠濟與賈魯計畫於二十三年年底完成

（二）黃河及匯黃各水沿岸造林計畫於二十四年年底完成

（三）黃河南岸灌田計畫於二十三年元月起舉辦二十四年年底完成本章第三節第四目

（四）匯黃各水農田及工業水利工程於二十四年元月起舉辦二十五年年底完成本章第三節第五目

（五）黃河北岸灌田計畫於二十五年元月起舉辦二十六年年底完成本章第三節第四目

（六）繼續整理黃沁歲修工程

第三期 自民國二十六年元月起至二十八年年底止

（一）黃河北岸灌田計畫於二十六年年底完成

（二）導黃入衛計畫於二十六年元月起舉辦二十八年年底完成本章第三節第四目

（三）整理河道計畫二十七年元月起舉辦三十年年底完成本章第三節第二目

（四）繼續整理黃沁歲修工程

第四期

自民國二十九年元月起至三十年年底止

（一）整理河道計畫於三十年年底完成

（二）繼續整理黃沁歲修工程

附工作程序暨期限簡明表

工作名稱	舉辦日期	完成日期	期限	備考
視察	卄、七、一、	卄、十二、卅一、	六個月	
黃河沿岸交通計劃	卄、七、一、	卄、十二、卅一、	六個月	
測量	卄、八、一、	卄三、八、卅一、	二年又三個月	

導黃入惠濟與賈魯	廿一、一、一、	廿三、十二、卅一、	三年
沿各河源築壩及擇地建築攔河壩	廿二、一、一、	廿四、六、卅、	二年又六個月
黃河沿岸及匯黃各水沿岸造林計畫	廿一、一、一、	廿四、十二、卅一、	四年
黃河南岸灌田計畫	廿三、一、一、	廿四、十二、卅一、	二年
匯黃各水農田及工業水利工程	廿四、一、一、	廿五、十二、卅一、	二年
黃河北岸灌田計畫	廿五、一、一、	廿六、十二、卅一、	二年
導黃入衛計畫	廿六、一、一、	廿八、十二、卅一、	三年
整理河道計畫	廿七、一、一、	卅、十二、卅一、	四年

第三章 款項

第一節 設備費預算總表

第二節 視察暨測量經費預算總表

目次	件數	價目	備攷
第一目 儀器費		二一、五二六、〇〇	
一、視察團儀器費		六〇〇、〇〇	第二章第一節第四目
二、測量隊儀器費		二〇、九二六、〇〇	第二章第二節第四目
第二目 交通費		一九四、七一四、〇〇	
一、裝置沿河長途電話費		二七、九一四、〇〇	第二章第三節第一目
二、汽車費	三輛	一六、八〇〇、〇〇	第二章第三節第二目
三、汽船費		五〇、〇〇〇、〇〇	價目未詳上列數目乃預備費
四、挖泥機費	一	一〇〇、〇〇〇、〇〇	全前
總計		二一六、二四〇、〇〇	

目次	數量	款數	期限	備攷
第一目視察經費	二團	一六、九二〇、〇〇元	六個月	第二章第一節第五目
第二目陸地測量經費	二隊	八七、三二〇、〇〇	三年又一個月	第二章第二節第五目
第三目水文測量費	一隊	一六三、八〇〇、〇〇	十年	因本方案擬定十年完成故水文測量暫以十年作預算
總計		二六八、〇四〇、〇〇		

第三節　建築費預算總表

目次	款數	備攷
第一目導黃入惠濟與賈魯工程費	二八四、〇〇〇、〇〇元	第二章第三節第四目
第二目導黃入衛工程費	八三〇、〇〇〇、〇〇	第二章第三節第四目
第三目黃河南岸虹吸灌田工程費	二七九、九八〇、〇〇	第二章第三節第四目
第四目黃河北岸虹吸灌田工程費	三〇八、九三〇、〇〇	第二章第三節第四目

目次	款	數	備攷
第五目	黄沁兩岸堤埽埝埽歲修防險工程費	九五〇、〇〇〇、〇〇	第二章第三節第二目
第六目	整理河道工程費	二、七二八、八〇〇、〇〇	第二章第三節第二目
第七目	黄河兩岸造林費	一四三、一六〇、〇〇	第二章第三節第二目
第八目	匯黄各水農田及工業水利工程費	三五一、五〇〇、〇〇	第二章第三節第五目
第九目	匯黄各水節流減沙工程費	七三五、〇〇〇、〇〇	第二章第三節第二目
總	計	六、六一一、四七〇、〇〇	

第四節 管理費

此項費用按本章第三節所列各費百分之十計算共分四目約共需洋六十六萬餘元列表如左

目次	款	數	備攷
第一目	薪工費	一九八、〇〇〇、〇〇	按管理費十分之三分配如上數

第二目　旅費　一三二、〇〇〇、〇〇　按管理費十分之二分配如上數

第三目　工具費　一三二、〇〇〇、〇〇　仝前

第四目　雜支　一九八、〇〇〇、〇〇　按管理費十分之三分配如上數

總計　六六〇、〇〇〇、〇〇

第五節　意外費

此項費用按本章第三節所列建築費百分之五計算藉以補助各項工程意外之需約共需洋三十三萬元

第六節　分期需款預算總表　參照第二章第四節第一目

項目＼期別	第一期	第二期	第三期	第四期	總計
設備費	二一六二四〇元				二一六二四〇元
觀察暨測量費	一四五一九〇元	四〇九五〇元	四〇九五〇元	四〇九五〇元	二六八〇四〇元

整理黃河大案　二九

導黃入惠濟與賈魯工程費	一七六四〇〇元	一〇七六〇〇元			二八四〇〇〇元
導黃入衛工程費			八三〇〇〇〇元		八三〇〇〇〇元
黃河南岸虹吸灌田工程費		二七九九八〇元			二七九九八〇元
黃河北岸虹吸灌田工程費			三〇八九三〇元		三〇八九三〇元
黃河歲修工程費	三七〇〇〇〇元	三三〇〇〇〇元	一五〇〇〇〇元	一〇〇〇〇〇元	九五〇〇〇〇元
整理河道工程費			一三六四四〇〇元	一三六四四〇〇元	二七二八八〇〇元
黃河兩岸造林費	七一五八〇元	七一五八〇元			一四三一六〇元
臨黃各水農田及工業水利工程費		三五一五〇〇元			三五一五〇〇元
臨黃各水節流減沙工程費	二九四〇〇〇元	四四一〇〇〇元			七三五〇〇〇元
管理費	九一〇〇〇元	一五八〇〇〇元	二六五〇〇〇元	一四六〇〇〇元	六六〇〇〇〇元
意外費	四五〇〇〇元	七九〇〇〇元	一三三〇〇〇元	七三〇〇〇元	三三〇〇〇〇元

總計一•四〇九四一〇元 一•八五九六一〇元 三•〇九二二八〇元 一•七二四五五〇元 八•〇八五六五〇元

第四章 利益概算

第一節 農田水利

第一目 導黄入惠濟與賈魯兩河沿岸灌田每年利益概算

導黄入惠濟與賈魯兩河沿岸六百餘里約可增加水地萬餘頃每年每畝以增加生產三元計共可增加利益約三百萬元

第二目 導黄入衛沿岸灌田每年利益概算

導黄入衛連同幹渠共長四百餘里除衛河沿岸已與之水利不計外渠河兩岸仍可增加水地二千餘頃以每畝每年增加生產三元計算共可增加利益約六十萬元

第三目 黄河南岸虹吸灌田每年利益概算

黄河南岸鄭縣花園口虹吸引水可灌開鄭間賈魯以北旱地二千餘頃以每畝每年增加生產三元計算共可增加利益約六十餘萬元

第四目　黄河北岸虹吸灌田每年利益概算

武陟東境御壩地方設機引水約可灌田四百餘頃前程村以北須排水者一百餘頃開封北岸陳橋虹吸引水亦可灌地八百餘頃以上三處灌溉排水工程完成之後每年當可增加利益約三十萬元

第五目　㶚黄各水沿岸每年利益概算

伊洛瀍澗暨丹沁汜蒋各水沿岸水利工程辦理完竣之後至少當可增加水地數千頃每年增加利益約百餘萬元

第二節　工業水利

查所擬辦之工業水利有二一則爲開鄭兩市自來水廠一則爲沁河水磨造紙廠前者以開鄭城市污穢飲料不潔於人民衛生極有妨礙倘能導引黄河之水爲自來水源則不惟市民受健康之惠極多兩市建築亦可消防火險後者以現在沁河上游對於此項工業已有作者擬再盡量設施以盡水利而減河患至於以上兩種工業水利完成之後

確可直接增加生產利益多少應視事後人力擴充爲準此時尚難預算

第三節　航運水利

水利工程完成之後黃河本身及各支流航行無阻則運費價廉各地之多餘物產如修博鞏宜新澠等縣之煤襄郟博靈等縣之愁(?)葉沁博等縣之藥材陝靈閿等縣之棉花洛博等縣之竹嵩山之木盧氏之漆黃河沿岸之花生以及其他一切農產物品均可藉以運輸暢銷換得相當代價是不惟農民之物質得以調劑經濟以之充裕文化賴以發展其利大矣至於此項利益多由交通上間接增進者其確定數目現時尚難預計

第四節　造林利益

關於造林利益業於第二章內詳述茲就其生產方面利益之概算言之依本計畫之規定共可造林五百二十萬株按五百萬株計算假定滿二十年後施行間伐手續先柳樹而後雜樹每年均伐去二十分之一計爲二十五萬株每株平均以一元六角最低限度估計應爲四十萬元至其每年栽植及管理費用均可由剪枝利益項下開支是造林滿

二十年後每年均可有四十萬元以上之收入也

附利益概算表

項目	利益概算	備考
農田水利	五、五〇〇、〇〇〇、〇〇	參照本章第一節第一二三四五各目
工業水利	二五〇、〇〇〇、〇〇	按開鄭兩市人口需水量及造紙廠出產，每年約可增利益如上數
航運水利	二一〇、〇〇〇、〇〇	按黄河本身及各支流航綫長度每年約可增加利益如上數
造林利益	四〇〇、〇〇〇、〇〇	造林滿二十年後每年利益如上數
總計	六、〇六〇、〇〇〇、〇〇	

第五章　結論

以上四章舉其犖犖大者為進行之標準未足云縝密也建設時期政府日孳孳焉以改善民生為急務凡所以興水利而除水患者正在經營擘劃之中如導淮計畫津沽海河工程均已甚囂塵上矣惟導黄二字僅於北伐成功時偶有呼聲迄未聞具體計畫魯河

頻年漫決猶多注意及之豫河則險象環生竭防守之力僅維現狀倘謬謂河爲足恃居安忘危勢必至潰敗不可收拾查歷代黃河改道多生豫境豫河失治則全河病而受其害者不惟豫境之人民緣豫河決則北可奪衛南可奪淮下游數省之安全頓失保障其他種種治河設施亦終同歸泡影矣今既欲澈底整理期知來軫必鑑前車本案故首述豫河變遷大勢防濬成規

二十世紀食物質文明之賜以人力戰勝天行河海工程日新月異亟應高瞻遠矚用科學方法本末有序則不病更張緩急酌宜則不乏人選故次述治河步驟分工籌備

民元以後庫帑支絀河工經費積欠纍纍彌縫補苴恆苦未遑奚暇根本整理而普通人士又泥於治河無善策之舊說以根本整理爲不可能即曰可能亦非現時之財政所能舉辦遂致望洋而歎今既欲爲一勞永逸之圖仍力祛急功靡費之弊故繼述分期進行需款預算

禹跡既湮豫民知濁黃之害而不知其利良由歷代治河絕少整個計畫雖有一二卓越

著本其理想經驗所得枝節爲之仍屬功不補患今既用最新式之科學方法根本施治直接可收溉運之利間接可資文化之輸收效之速操券以待故終述生產事業利益概數綜之水患不去則水利不興欲去水患必自縝密設計始欲有縝密設計必自精確測量始查豫河全長約一千餘里兩岸匯黄各水支派紛如其長更數倍之測量工作既非旦暮所能蕆事設計根據又非閉戶所可造車是實施測量又實施本案之先決問題也抑尤有進者黄河係華北一大幹流豫河又全黄咽喉所係凡言整理冀南江北各水者非整理黄河則收效不竟凡言整理黄河者非整理豫河則受病益深故本案雖僅限於整理豫河亦即可作整理全河之嚆矢也惟值第一步建議伊始管蠡一得以視海河及導淮計畫則未敢並論於相提若語其性質之重要迫切又似有過之無不及者用敢不揣謭陋拉雜所及願乞海內宏博一就正之

勘誤表

頁數	前後頁	行數	誤	正
一	後	二	「然」起伏寬狹	而起伏寬狹
三	前	六	「」小河十二	黎小河十二
仝	後	一	「」病不循其本	治病不循其本
五	前	一〇	「面」之變遷	向之變遷
一四	後	五	形勢「亟」險	形勢極險
一七	後	六	賴以「含」養	賴以涵養
一九	後	二	「甲」種林地	A種林地
仝	仝	三	「乙」種林地	B種林地
仝	仝	七	「甲」種林地	A種林地
仝	仝	仝	「乙」種林地	B種林地
二一	後	六	十四萬三千一百「二」十元	十四萬三千一百六十元

黃河流域十年實地調查記

黎桑博士著

目錄

天津 法文圖書館出版

原書係法文茲將目錄由法文
譯出於每一地名物名之下均
註有書中之篇頁號數俾讀者
易于翻閱也

經過區域	篇頁
行抵中國	3至41
直隸之調查	107至116，390至452，597至617，1059至1062，1069至1079
直隸海灣	69至105，162至169
河南	123至156
山西	45至57，69至105，117至123，187至284，378至389，
陝西	288至376，654至672，1262至1266，1343至1349，1459至1499，619至653，1254至1261，1350至1352，1447至1465
蒙古	453至574，1206至1249
綏遠特區	1179至1204
甘肅	706至867，902至1139，1277至1328
青海	871至898
鄂多斯（陝西北疆）	674至703，1141至1178，1269至1277，1328至1342，1504至1529

經過區域	篇頁
黃河航路	1532至1547
廟島（渤海）	1421至1428
山東	1380至1417
法國古生物學調查團	1561至1568

分析目錄

名稱	篇頁
蜜蜂	123, 218, 264
杏	14, 118, 220, 223, 242, 260, 421, 427, 428, 525,
	615, 616, 619, 733, 755, 796, 918, 962, 1057, 1134,
	1192, 1274, 1280, 1303
茵蔯(茶)	1376
吃齋(茹素)	134, 1081
蹟蔴	56, 162, 174
附子屬(苻)	433, 495, 517, 741, 840
水菖蒲	154, 662, 1127, 1448
鍼治法(外科)	1260
飛艇	1384
瑪瑙	446, 472, 1225, 1244
幼羊	1027
農部	394, 397
鷹	870, 895, 1532
龍牙草	1410

名稱	篇頁
蒜	24, 872, 1290
荒原之蒜	1155
椿樹	206, 231, 264, 265, 554, 759, 1056, 1080, 1162, 1292
阿拉山	1123, 1125, 1130, 1138B, 1142, 1152, 1197, 1535, 1537
蒸溜器	592
纖維石膏	842, 858, 913, 1029, 1159
天老兒(白人)	277, 1437, 1501
支那古燕	1302
化石萍藻	1228
德國人	1384, 1388, 1393, 1395, 1396, 1403
火柴(燐寸)	228, 233, 347, 1164, 1356
冲積層	1274, 1525
百靈(雲雀)	485, 675, 719, 874, 1265
蒙古百靈	701, 1273
角靈雀	1532
山上的	788

名稱	篇頁
明礬	844, 845, 1353
雞冠花	310, 1341, 1432
耕地之改良	754, 1041, 1055
美國人	1214, 1418
石綿	451, 453, 495, 498, 508, 1189, 1235, 1389, 1390, 1444
角閃石質地	1180, 1207, 1208, 1242, 1382, 1412, 1452, 1456, 1470, 1471
樓斗菜(翅果)	423
驢	17, 571, 712, 763
秋牡丹(白頭翁)	168, 191, 635, 637
海葵	1419
安福系	408, 1324
白芷	267, 782, 957
英國人	1426, 1427, 1428
鰭魚	359, 1435
硬煤(無烟煤)	166, 187, 191, 1355
化石羚羊	1565

名稱	篇頁
銻(鋑)	503, 1354
樹皮膠虫	216, 1089
語音轉變	515, 566
布教	1038
學徒	429
具腮有肢族(蛋蝦屬)	109, 164, 1180, 1191, 1272, 1525
水道(土造)	915
霰石	852
落花生	23, 158, 172, 192, 379, 1351, 1355, 1356, 1379, 1383, 1388
	1405
蜘蛛	839
五加料(長春藤屬)	788
苗木養成所	1446
楊梅樹	497
掃帚樹	68, 159, 524, 569

名稱	篇頁
膠漆樹	264, 265, 307, 310, 409, 1063, 1064
荊	1072
虹	1461
古物學	1156, 1232, 1271, 1315, 1508, 1565
青石板	67, 407, 419, 420, 453, 454, 474, 944, 1173
砂生的	165
西藏山羊(盤羊)	811, 1049, 1089, 1137A, 1182, 1236, 1541, 1546, 1562
銀	47, 76, 127, 136, 207, 212, 228, 304, 455, 495, 525, 617, 844, 1015, 1038, 1046, 1047, 1049, 1138A, 1140B, 1152, 1235, 1400, 1417
銀工	539, 695, 868, 948
乾獸糞	702, 705, 722, 727, 804, 1266, 1335
馬兜鈴	434
軍械	87
軍隊	968, 1447
艾草(茵陳蒿)	687, 688

名稱	篇頁
軍械製造人	1233
天南星科(植)	281, 1086
灌溉	186, 203, 615, 642, 756, 1255, 1273, 1468
兵工廠	776, 1379
蒙古美術	1214
砲隊	966
石絨(毛華瑛)	397
蟎虫(蜱虫)	913
蘿摩科(植)	261, 428, 657, 669, 706, 715, 1265, 1491
亞細亞煤油公司	540
龍鬚菜	497, 1162, 1273
野龍鬚菜	517
窒息	88, 425, 993
跐骨(距骨)(植)	709, 1128, 1162
中學校	1292
車駕	526

名稱	篇頁
野薔薇(山渣子)	258, 268, 497, 548, 637, 788, 1188
鄉村旅舍	53, 125, 154, 194, 195, 197, 205, 219, 284, 308, 317, 354, 385, 407, 430, 469, 524, 526, 534, 539, 617, 633, 665, 706, 723, 738, 753, 758, 932, 958, 962, 964, 980, 981, 983, 1015, 1062, 1070, 1107, 1118. 1120, 1193, 1195, 1202, 1203, 1206, 1208, 1209, 1211, 1222, 1326, 1344, 1352, 1484, 1485, 1487, 1490, 1491, 1494, 1535, 1547
茄子	1162
槽櫪	1215, 1226, 1260, 1319
汽車	776, 1174, 1192, 1201, 1405, 1445, 1448
長鸞啄之水鳥	889
燕麥	21, 48, 50, 53, 83, 257, 269, 396, 445, 471, 481, 492, 494, 503, 508, 516, 517, 545, 740, 782, 786, 799, 825, 838, 839, 872, 902, 919, 924, 1161, 1200, 1229, 1246, 1275, 1338, 1341, 1350, 1454, 1456, 1457, 1462, 1463, 1471, 1472, 1473, 1476, 1478, 1480, 1481, 1551
美國燕麥	1248
杜鵑花	323, 420, 619
櫨果	187, 277, 569, 1248
戒指	861
秤	1033
鯨	1426
鳳仙花(指甲花)	433
竹	151, 152, 153, 204, 215, 219, 246, 289, 292, 310, 313, 320, 779, 781, 785, 953, 960, 961, 965, 1053, 1054, 1055, 1062, 1063, 1064, 1071, 1074, 1100, 1387, 1403
香蕉樹	1074, 1399
蒙古旗郡	473
銀行	82, 217, 232, 342, 363, 359, 364, 641
中國銀行	1384, 1436
交通銀行	232, 363, 403
中法實業銀行	394, 582, 1358, 1384, 1386

名稱	篇頁
漂流冰塊	111
乳酪攪拌器	884
修面者	1251
牛蒡	430，434，974
陰晴表	504
划船	38，376，1168，1261，1434，1539
赤鷓鴣	716，1265
玄武石	53，467，468，469，471，479，484，485，488，490，1201
	，1203，1204，1244，1354，1399，1402，1406，1414，1422，1423，
	1550，1551，1552，1563
短毛矮狗	1282
川河舟羣	37，1152
香枝（燒香）	1101，1182，1349，1356
兩棲脊髓動物	1569
熱河之砧槌	533
山雞	554，1246，1325，1375

名稱	篇頁
勦	104
秋海棠屬	543，547
鼬鼠（貂）	17，1086
牡羊	706，866
牧童	17，87，735，879，1267
鵓鴿	230，668
綠柱	497
中國混凝土	458，591，1441
紅甜蘿蔔	115，178，397，1385，1390，1405
牛乳油（黃油）	835，852，1148
圖書館	286，1036，1445
脚踏車	1202
珠寶商	248
啤酒	21，498
化石野牛	1508，1517，1564，1565
狸類	17，1014，1055

名稱	篇頁
蜚蠊（夜行蟲）	1221
小麥	21，32，33，47，83，116，127，134，137，139，145，169，174，186，195，196，203，205，224，231，234，236，238，247，256，259，338，358，362，387，405，481，569，631，666，727，752，770，799，810，825，857，925，959，992，1041，1052，1056，1057，1072，1073，1081，1103，1105，1126，1178，1179，1181，1202，1246，1255，1259，1261，1270，1275，1300，1323，1343，1346，1350，1374，1378，1454，1462，1463，1467，1471，1480，1481，1484，1504
牛	88，1107，1491
林木	32，73，77，84，126，127，131，132，166，191，192，201，247，258，271，294，309，345，364，477，499，500，503，505，508，515，517，521，541，542，543，556，572，623，631，633，637，639，640，646，737，758，767，806，915，949，977，979，980，997，1046，1058，1059，1060，1067，1098，1203，1208，1308，1397，1433，1471，1475，1476，1481

名稱	篇頁
硅化林木	1233，1234，1235，1237，1238，1247
土蜂	1290
和尚	48，254，323，1460
尼姑	1502
布拉特種人	2，3
中國植物	138
長靴	983，1034，1195
牡山羊	1049
佛教徒	1388
麵包製售者	1259
樺樹（赤楊）	139，259，260，267，322，424，496，497，500，503，508，512，524，557，623，637，716，752，788，836，839，852，980，987，1062，1078，1088，1098，1099，1184，1186，1200，1208，1456，1471，1474，1476，1478
香麞	811，825，861，929，945，988
牛糞中之蛆虫	32，708，1307

名稱	篇頁
指南針	228
玻璃瓶	1395
鈕扣	364
馬勃(蘑菇類)	76, 85, 825, 827, 1184
拳術	(1900), 75, 113, 128, 229, 230, 280, 453, 631, 684, 1434
燈形貝(腕足綱)	1564
團結石	1252
火山團結石	1223
土匪	82, 87, 143, 147, 149, 217, 222, 234, 235, 240, 241, 244, 248, 249, 250, 298, 305, 312, 317, 320, 321, 329, 335, 356, 357, 367, 372, 403, 476, 477, 483, 487, 660, 668, 672, 674, 677, 678, 800, 973, 1027, 1112, 1130, 1163, 1165, 1173, 1185, 1195, 1201, 1230, 1231, 1232, 1249, 1261, 1270, 1277, 1289, 1295, 1319, 1377, 1415, 1422, 1423, 1442, 1487, 1489, 1490, 1497, 1500, 1505, 1510, 1517, 1527, 1532, 1542, 1543, 1547
磚	35, 488, 1157, 1158

名稱	篇頁
乾磚	174
燧鐮	234, 342
英美烟公司	342, 1404
天津英公議局	·109
青銅	1509, 1517
一輪手推車	153, 186, 278, 293, 297, 571, 666, 763, 1222, 1382, 1384
霧	1378, 1389, 1397, 1399, 1404
楮桑	190, 281, 312, 1069, 1070, 1075, 1080, 1381
香爐	139[B]
霧霞	923
灌木	749, 1532
有鬚蝸	1423
樹皮上之鮮苔	347
樵(伐木者)	100, 315, 715, 840
盤羊(山牛)	304, 322, 988, 1063, 1089, 1137[A]

名稱	篇頁
黃楊樹	1078
砂米	1531
酒館	861
內閣	154, 349, 421, 1463
戳印	1234
結晶灰石	98, 212, 422, 453, 527, 616, 736, 799, 810, 827, 828
	, 838, 840, 899, 1026, 1040, 1098, 1189, 1191, 1194, 1199,
	1403, 1407, 1408, 1409, 1416, 1417, 1421, 1422, 1451, 1456, 1541
	, 1550, 1561
白雲石	1416
魚卵灰石	124, 255, 258, 263, 617, 646, 1354, 1477, 1478, 1479, 1480
玉石	500, 1218, 1225, 1226
灰石	649, 1071, 1192, 1400
胡蘆(瓢簞)	532, 1181
運河	7, 9, 579, 583, 1380

名稱	篇頁
鴨	216, 895, 1223, 1434, 1505
獵鴨銃	1434
彌撒典文	1524
砲船	1435
修路工	809, 867, 1017
膠皮(橡)	428
勒轉河流	501
把齒花	667
糖果	785
隊商之旅舍	932, 934
帆船	1419
鳥貝	1420
異裝節	1029, 1030
胡蘿蔔	25, 342, 381, 948, 1501
鯉魚	1073, 1500

名稱	篇頁
箭袋（箙）	861
蒙古地圖	688
製圖人	772
凸花硬紙	1234
瀑布（掛泉）	1192, 1265, 1348, 1400, 1490
兵營	779
楸木	139, 193, 205, 206, 221, 234, 275, 280, 289, 310, 642, 1074, 1162, 1254, 1390, 1414
大天主堂	1385
窰（山洞）	259, 267, 531, 546, 644, 716, 1472, 1476
芹菜	1059, 1162
磁器（陶器）	1356, 1394
法華磁窰	409, 577, 593
毒角蛇	833
棺材	419, 969, 1107, 1132, 1226, 1356
粮食	21, 22

名稱	篇頁
牡鹿	76, 139, 254, 551, 731, 800, 802, 811, 812, 825, 836, 839, 892, 894, 903, 985, 1014, 1018, 1049, 1064, 1137ᴬ, 1138ᴬ, 1182, 1188, 1473, 1479, 1546
化石牡鹿	1508, 1516, 1519, 1520, 1525
風箏	760
櫻桃樹	265
喇嘛徒弟	1150, 1187
沙河	9, 405, 1336, 1443
騾轎	53, 54, 74, 407, 1344
轎	347, 1381
灰銅礦	212, 732, 1354, 1390
幻術教徒	1272
駱駝	68, 70, 194, 204, 277, 382, 398, 418, 509, 510, 511, 514, 524, 567, 644, 655, 657, 695, 713, 727, 951, 1016, 1021, 1039, 1046, 1073, 1082, 1083, 1097, 1170, 1255, 1257, 1258, 1273, 1324, 1325, 1335, 1338, 1347, 1354, 1377, 1502,

名稱	篇頁
	1506, 1531, 1541, 1545, 1561
砂米	1336, 1340, 1341, 1344, 1531
沙漠	1017
菌類（蘑菇）	16, 99, 100, 323, 325, 397, 425, 432, 434, 440, 547, 552, 553, 554, 825, 836, 839, 1188, 1210, 1325, 1479
臘燭	224, 409
匯兌	1048
山海關	5, 64, 162, 1206
山西	1254, 1276, 1351, 1357, 1371, 1437, 1446
山西中心部	70
山西南部	193, 124
山西中部	618, 653
山西北部	38
蕈類	329
山東	8, 1379, 1437
山東人	361, 1290, 1407

名稱	篇頁
麻	23, 129, 241, 272, 310, 421, 443, 444, 446, 456, 479, 488, 495, 496, 500, 505, 507, 509, 629, 634, 649, 666, 676, 702, 794, 913, 958, 1004, 1082, 1116, 1178, 1181, 1194, 1219, 1256, 1263, 1264, 1275, 1279, 1295, 1318, 1322, 1327, 1334, 1338, 1341, 1381, 1383, 1457, 1493, 1504, 1507
帽子	147, 292, 715, 852, 975, 1080, 1217, 1261, 1406, 1462
念珠	839, 848, 868, 947
轎車	7, 26, 46, 127, 131, 133, 134, 199, 288, 371, 375, 462, 468, 477, 520, 526, 600, 632, 642, 673, 728, 796, 959, 965, 982, 1004, 1054, 1124, 1168, 1199, 1219, 1266, 1323, 1324, 1337, 1404, 1481, 1529, 1531
輪萍	94, 131, 201, 229, 1202
把齒花	651, 652, 657, 687, 715, 916, 1311, 1490
黃番子	1144
煤	45, 51, 59, 70, 72, 76, 77, 78, 90, 91, 95, 117, 118, 120, 126, 136, 137, 141, 143, 144, 147,

名稱	篇頁
	154，167，190，191，193，228，234，238，241，257，263，269，272，273，319，324，327，332，333，368，374，383，384，390，418，419，420，422，433，434，435，444，455，456，459，460，470，471，529，600，606，617，619，620，623，624，626，627，628，636，638，639，640，641，642，648，649，652，653，656，657，658，666，667，668，670，671，687，706，710，712，719，720，724，725，730，731，732，734，744，747，749，750，751，752，755，763，770，794，800，801，804，806，808，813，816，817，844，846，858，863，866，886，912，943，961，976，977，985，993，994，995，1009，1013，1014，1015，1023，1024，1038，1072，1084，1085，1101，1123，1129，1130，1133，1134，1135，1136，1138B，1140B，1141，1152，1159，1171，1174，1176，1178，1180，1182，1183，1185，1186，1190，1206，1207，1208，1214，1215，1217，1227，1233，1235，1237，1239，1241，1242，1243，1245，1247，1249，1254，1255，1258，1259，1261，1263，

名稱	篇頁
	1264，1265，1369，1335，1344，1345，1346，1354，1256，1380，1383，1387，1388，1389，1391，1393，1394，1397，1398，1399，1401，1403，1405，1411，1414，1449，1450，1452，1457，1461，1464，1467，1470，1472，1474，1481，1482，1483，1486，1487，1488，1489，1490，1491，1492，1493，1497，1499，1505，1566
炭	306，308，311，346，420，527，530，948，955，967，975，979，988，1056，1059，1063，1069，1073，1107，1219，1236
榛類	126，192，201，261，545，1063，1088，1471
泥土之運送	1056
犁	26，225，338，348，364，1054，1073，1264，1317，1448
狩獵	179，211，702
獵戶	824，1137A，1436
猫	18
野猫	16，1034，1473
沙棗	1153，1128，1186，1274
粟樹	191，309，328，425，525，973，1062，1063，1079，1455

名稱	篇頁
釜(鍋)	72, 126, 225, 380, 640, 955, 1067, 1076, 1394
燃料	13, 165, 657, 980, 987, 1059, 1123, 1345, 1411
茅藁	1063
茅屋	1068, 1079, 1100
蝙蝠	62, 1565
石灰	85, 98, 108, 148, 216, 244, 335, 358, 385, 405, 420, 433, 435, 472, 540, 687, 975, 1134, 1189, 1206, 1258, 1334, 1356, 1380, 1403, 1408, 1417, 1427, 1463, 1503
道路	122, 227, 345, 349, 350, 805, 1447
鐵路	44, 52, 53, 65, 68, 998, 1203, 1249, 1355, 1385, 1386, 1445, 1545, 1546, 1547, 1553
塏	84, 126, 139, 141, 192, 251, 259, 307, 328, 407, 425, 427, 497, 504, 538, 546, 547, 549, 551, 554, 557, 582, 619, 637, 781, 788, 944, 988, 1068, 1079, 1136, 1186, 1200, 1208, 1209, 1213, 1281, 1321, 1387, 1415, 1417, 1427, 1455, 1471

名稱	篇頁
橎	1062, 1063, 1078, 1082, 1084
陝西	287, 643, 653, 684, 1261, 1276, 1289, 1339, 1350, 1357, 1447, 1488
石家莊	69, 107, 390, 605, 1254, 1352, 1355
石門寨	166, 1207
十八盤山	451, 516, 616, 960, 1218
馬	17, 300, 361, 379, 381, 461, 489, 690, 696, 875, 894, 1048, 1273
頭髮	1390, 1425
紅髮	1055, 1258
牝山羊	17, 88, 148, 173, 190, 370, 839, 870, 942, 1221, 1391
石羊(青羊)	436, 558, 744, 804, 811, 839, 929, 981, 1007, 1016, 1049, 1079, 1137A, 1236, 1455
麅	99, 137, 139, 140, 332, 424, 436, 500, 518, 558, 731, 780, 811, 836, 982, 985, 1064, 1072, 1073, 1078, 1081, 1085, 1182, 1186, 1200, 1305, 1473, 1479

名稱	篇頁
麝	77, 731, 780, 800, 836, 920, 985, 1019, 1064, 1078, 1090
	1137A
苦萵苣	290
狗	18, 658, 884
北京巴狗	1036
中國人	1143
中國機礦公司	59
綠泥片巖	1456, 1458, 1459, 1461, 1462, 1465
霍亂	1206, 1212, 1228, 1435
洋白菜	23, 73, 119, 174, 292, 342, 500, 525, 587, 796, 920
	946, 948, 950, 962, 974, 1162, 1501
中國白菜	1227, 1229, 1255, 1275, 1345, 1350, 1352
北京白菜	1273
來鹿縣	598
順德府	407, 608, 609, 1327
不藍	1181, 1273

名稱	篇頁
黍子	21
天主耶穌教徒	231, 457, 458
蟬	20, 33, 58, 275, 440, 756, 1087, 1379
紙烟	1353, 1355
鶴（仙鶴）	249, 252, 274, 540, 713, 793, 979, 1236, 1295, 1506
水門汀（三合土）	1440
墳地	59, 83, 178, 385, 387, 659, 755, 810, 811, 817, 842
	947, 975, 1009, 1263, 1417, 1433, 1442, 1491, 1492
電影	1431
綠雲石	1456
火漆	409
雨水塢（涿者）	84, 126, 136, 246, 735, 752, 1107, 1327
鐵線蓮（木通）	201, 266, 282, 433, 434, 560, 1221, 1455, 1456
鐘	256, 270, 742, 1179, 1536
景泰藍	590
帽子	700

名稱	篇頁
頭飾	628, 669, 822, 939, 1083, 1224, 1474
焦炭	234, 236, 237, 240, 242, 243, 297, 384, 640, 750, 787, 992, 1178, 1181, 1259, 1356, 1387, 1392, 1393, 1394, 1461
騾子疝痛	314, 921, 949, 1260, 1262
學校	76, 472, 701, 1160, 1179, 1274, 1433
墾殖荒地	588
殖民	477, 478, 499, 677, 825, 1130, 1148, 1177, 1179, 1213, 1437, 1553
油菜（菜子）	186, 206, 478, 650, 799, 801, 825, 827, 841, 872, 925, 977, 1481
燃料	484, 487, 495, 566, 673, 714, 757, 794, 853, 950, 1012, 1114, 1116, 1220, 1236, 1280, 1380, 1457, 1489, 1493
商務	51, 82, 104, 316, 342, 377, 1033, 1035, 1501
蒙古商務	1165
往來賬	1093
割讓	1384
黃瓜	1432
孔子	135, 1433
變岩（礫巖）	1039, 1065, 1073, 1086, 1098, 1180
海介殼	1035, 1037
建築	1554, 1555
契約	1000
石糞	1305, 1306
介殼	168
珊瑚	1048
烏鴉	1255
製繩索所	633
鷺鷥	180, 859, 889, 895, 945, 961, 619, 868, 1419, 1422
小鴉（烏）	1224, 1286
小黃瓜	1273
組合（會社）	1381
沙狐（回狐）	875, 878, 890, 894

名稱	篇頁
棉	23, 62, 63, 115, 119, 148, 155, 173, 230, 276, 278, 298, 304, 305, 306, 336, 352, 358, 362, 376, 377, 383, 386, 397, 583, 585, 631, 753, 953, 965, 978, 1074, 1082, 1083, 1094, 1229, 1230, 1231, 1232, 1350, 1384, 1388, 1397, 1400, 1408, 1433, 1434, 1446, 1448
美國棉	1385
棉製物	1355, 1356
日落	1544
杜鵑	252, 711, 724, 1064, 1105, 1295
蛇類	764, 1391
硫化鉄	159, 1254
南瓜	1432
螻蛄	220, 1104, 1310
刀	353, 385, 592
製刀業（製刀廠）	1034
人工孵化器	1234

名稱	篇頁
螃蟹	60, 201, 280, 878, 1080, 1081, 1083
蟇（蛤蟆）（蟾蜍）	172, 311, 665, 1272
皮鞭	985
山烏	127, 731, 738, 897, 930, 1104, 1184, 1537
槽櫪	1426
儀品公司	1384
火葬	502
水生菜	247, 1353, 1354
佝僂病人	312, 433
蝦	1081, 1422
岩晶	89, 388, 397, 431, 440, 472, 491, 1248, 1381, 1399
芥苴（大胡麻）	1163
麻雞（火雞）	811, 824, 930, 1006, 1016, 1018, 1137A
河漲	1117, 1118, 1233, 1262, 1303, 1306, 1327, 1485, 1489, 1494, 1496, 1515, 1517
甲殼類（節肢類）	711

名稱	篇頁
隱花植	16, 220, 423, 553
胡蘆科（植）	23, 274
皮革	51, 836, 1034
銅	192, 207, 304, 397, 431, 456, 592, 649, 769, 776, 824, 827, 995, 1023, 1024, 1186, 1354
好奇人	193, 1487
無葉藤	140, 148, 281, 430
青鵲	795
化石之鐵蕉（鳳尾蕉）	1238
旋風	1443
鴻（鴻）	19, 211, 603, 1544
鐃鈸	1035
有腮節肢族	1525
化石有腮節肢族	1564
跳鬼	1035
曼陀羅	124, 513, 1408, 1412, 1432

名稱	篇頁
林木濫伐	834, 846, 941, 1030, 1067, 1068, 1089, 1099, 1135, 1182, 1212, 1213, 1227, 1381, 1392, 1459, 1477
輕便鉄道	91, 122, 460
地畝開拓	310, 424, 425, 478, 548, 783
冰解（雪溶）	1030, 1054, 1056
花邊	1403
喪服	977, 1053
輝綠巖	1140B, 1180, 1194, 1210, 1411
土語（方言）	7, 8, 49, 469, 641, 1351, 1398, 1475
金鋼鑽	407
漢滿字彙	1139A
祝鳩	431
堤防（堤岸）	1434, 1435
閃綠巖（靑石）	1390, 1391, 1411, 1416, 1451, 1471
蒸溜業（燒鍋）	342, 469, 591, 592, 818, 819, 1081, 1173, 1214, 1222, 1244, 1301, 1321, 1375

名稱	篇頁
黑階石（玄武岩）	649
白雲石	636，1131，1463，1541
內地關卡	978，1049，1082，1169，1175，1327，1348
龍	1300，1303
呢絨	769，776，995，997，1046
砂丘	460，609，610，656，658，660，664，666，673，699，726，895，1120，1152，1153，1160，1166，1167，1176，1270，1277，1327，1334，1339，1342，1343，1406，1481，1482，1491，1492，1496，1497，1498，1499，1503，1507，1512，1515，1533，1535，1536，1541，1543
懸砂丘	1153，1541
洗淨水	934
崩塌（傾塌）	652，656，866，912，923，984，1112，1269，1279，1290，1316，1326，1372，1493，1515，1528
冬蔥（薤）	1162，1273
回音（山彥）	441

名稱	篇頁
天津法文權務報	575，578，591
學校	223，302，360，618，670，1009，1502，1548
農校	115，397，1385
工校	360，396，1438
醫校	1354
天津法漢學校	577
海軍學校	1425
師範學校	1386，1444
神學校	1354
經濟	233
筆跡（書法）	812
松鼠（栗鼠）	557
飛松鼠	17，552，555，558
馬麂	468，1202
碟皿	838
野薔薇	1070，1079，1080

名稱	篇頁
教堂(天主堂)	336, 389, 429, 453, 457, 460, 1188, 1316, 1321, 1406, 1435
	1551
法電燈房	580
象	178
化石象	1311, 1376, 1508, 1516
居民移出	111, 440
薰香(香)	291, 642, 838, 839, 852
香爐	1033, 1035
孩童	1437
肥料	26, 67, 631, 1128, 1406
註册(登錄)	1175
海苔(乾苔)	561
埋葬	18, 1042, 1066, 1374
昆虫學	1376
障碍	696
包工人	1440, 1554, 1555

名稱	篇頁
裸麥(打穗之後)	313, 841, 842, 861, 872, 919, 920, 982, 1018
麻黃	43, 236, 238, 269, 446, 659, 922, 1041, 1115, 1138A, 1154
	1270, 1280, 1535
山毛驢	498, 508
綠簾石(松香礫)	1399
柳草(長紅穗)	322, 505, 849, 1315
淫羊藿	944
菠菜	25, 1059, 1273
刺芒	788
伏牛花	516, 781, 786, 788, 823, 847, 928, 979, 1062
海綿	1419
化石古馬	1233, 1519, 1522
楓樹	259, 261, 267, 433, 451, 497, 545, 547, 553, 1162, 1185
石楠科(植)	792
遁世者(隱士)	163
侵蝕	1029, 1105, 1536

名稱	篇頁
黃土層被浸之變象	765
沙土被風之浸蝕	690, 851, 1121, 1275
蝸牛(螺)(介虫)	201, 1077
護衞	198, 246, 288, 356, 1195, 1208, 1249, 1277
劍魚(一角魚)	1436
鱷魚	396
湖池	1320, 1322, 1323, 1505
人種學	136, 343, 361, 369, 429, 430, 1075, 1437
織物(布疋)	1034
海星(動)	1418, 1419, 1425
馬鐙	1214
二十四頃地(地名)	1172, 1188, 1189, 1369, 1546
雞頭果(芡)	538, 1073
扇子	133, 1403
白茶樹	131, 220, 248, 1292
裁判執行	79, 1503

名稱	篇頁
遣派軍旅	1029, 1030
產業之買收(沒收)	1174, 1416, 1547
制外法權	1072
陶器(土器)	1355
雉(山雞)	85, 94, 132, 141, 148, 197, 248, 251, 274, 388, 555, 557, 558, 628, 629, 631, 686, 699, 827, 945, 980, 985, 989, 1008, 1013, 1105, 1153, 1273, 1338, 1459, 1506, 1541
錦雞	1059, 1063, 1083, 1090
家族	1163
饑饉	10, 136, 750, 1130, 1323, 1349, 1353, 1358, 1372, 1375, 1437
狂信(狂惑)	660, 768, 1108, 1511
翻手鼠	1030, 1270
番子	787, 802, 821, 829, 838, 840, 852, 854, 856, 873, 915, 916, 917, 937, 944, 995, 999, 1146, 1403
麵粉	88, 1353
鐮刀(草刈鐮)	26, 354, 530

名稱	篇頁
鷹	19, 951
汾河	89, 134, 225, 227, 276, 378, 383, 384, 641, 642, 1254, 1475
汾州	643, 1257, 1264, 1351, 1353
粉条	1257
鐵	72, 76, 79, 90, 95, 104, 118, 137, 147, 148, 151, 207, 304, 384, 498, 500, 511, 605, 606, 618, 619, 620, 622, 623, 624, 627, 628, 629, 631, 636, 638, 646, 648, 649, 655, 659, 755, 912, 955, 985, 996, 1015, 1023, 1033, 1047, 1076, 1078, 1090, 1092, 1106, 1124, 1135, 1158, 1185, 1195, 1205, 1206, 1212, 1235, 1256, 1263, 1354, 1390, 1391, 1393, 1394, 1399, 1461, 1563
馬掌鐵	97, 494
馬鋼鐵(白洋鐵)	324
洋鐵物品	791
掛磁	694, 720, 869

名稱	篇頁
磁氣鐵	1234
魚卵鐵	397
鏡光鐵(輝鐵)	863, 1399
農居	247, 1223, 1315
模範農園	1354
花節	1031
燈節	1030
毛氈	335, 515, 695, 821, 952, 953, 957, 1106, 1234
燐火(狐火)	1189
豆	257, 269, 495, 505, 786, 859, 872, 950, 986, 1125, 1462, 1463, 1476, 1481
無花果樹	15, 297, 394
楮桑	310, 312, 538, 1077
紡紗廠	1354, 1384, 1436
鐵絲	190, 740, 1039
慈善女教士	604

名稱	篇頁
天災	88, 313, 948, 1427
花匠	1502
黃河	8, 100, 152, 238, 283, 284, 287, 373, 374, 375, 653, 654, 754, 766, 790, 916, 922, 926, 1002, 1044, 1052, 1125, 1151, 1176, 1260, 1261, 1349, 1350, 1380, 1385, 1446, 1484, 1538, 1553, 1562, 1568
絲穗	1003
殖物誌	145, 291, 1400, 1424, 1427
廟會(期市)	113, 196, 215, 361, 652, 783, 785, 1033
鎔鑄廠	72, 225, 380, 624, 747, 751, 861, 996, 1075, 1076, 1079, 1157
窪池(濘泥地)	504, 802, 830, 831, 889, 898, 900, 901, 1155, 1175, 1180, 1289, 1316, 1412, 1414
風水	1272
鳳陽府	304
鳳凰山	1239, 1246, 1247

名稱	篇頁
鑄鐵(生鐵)	1356
仁記	995, 1038
森林	9, 46, 77, 98, 101, 134, 139, 178, 244, 245, 248, 254, 257, 273, 281, 311, 329, 330, 388, 407, 517, 519, 535, 546, 635, 649, 686, 716, 730, 781, 797, 823, 834, 837, 846, 847, 918, 926, 941, 1013, 1018, 1021, 1030, 1062, 1083, 1100, 1109, 1135, 1137A, 1166, 1182, 1187, 1203, 1236, 1271, 1453, 1461, 1473, 1474
鋏虫(蚰蜒)	1423
鐵匠	97, 104, 511, 1233
連翹	633, 637
天然砲台	1513, 1519, 1521, 1522
築壘	245, 661, 1301, 1417, 1419, 1425
化石的	12, 90, 92, 93, 94, 103, 215, 397, 440, 608, 656, 658, 686, 833, 861, 1012, 1013, 1085, 1108, 1109, 1113, 1160, 1173, 1176, 1233, 1240, 1243, 1244, 1246, 1247, 1254, 1263

名稱	篇頁
	1282, 1284, 1318, 1320, 1322, 1323, 1337, 1378, 1441, 1490,
	1507, 1528, 1529, 1556, 1562, 1564, 1566
府	228
浮山縣(山西)	1416
扶風縣(陝西)	350
隱花植物	100, 221, 311, 849, 425, 504, 741, 847, 1088, 1200, 1471
黃鼬	17, 168, 212, 277, 507, 1186, 1284
伏羌縣(甘肅)	963, 964
府谷縣(陝西)	1486, 1487
秧雞(紅冠水雞)	1342
佛坪縣(陝)	301, 362, 366, 367
富平縣(山西)	1453
磚窰	1443
陶窰	106
木叉	194
螞蟻	424, 827, 893

名稱	篇頁
蟻獅(食蟻獸)	194, 205, 225, 259, 648, 763
皮貨	89, 228, 356, 778, 868, 869, 955, 969, 1473
佛爺	835
蛇莓子	447, 716, 752, 783, 836, 1274, 1381, 1390
蝦夷莓	310, 428, 497, 516, 1013
方濟各會教士	1914, 1915, 1916, 1921, 1380
方濟各會女教士	76, 77, 230, 297, 300, 301, 477, 496, 1403, 1418, 1425
	1426, 1444
黃蜂	1323
榔(秦皮樹)(臘樹一種)	263, 420, 433, 535, 538, 551, 1067, 1083, 1208, 1387, 1455
美國秦皮樹	1248
壁畫	1321
乳腐	452, 822, 985, 1148
豆腐	1237
果品	13, 60, 1039, 1377, 1501
肥料(牛馬糞草)	26, 122, 174, 381, 384, 388, 421, 614, 628, 647, 741

名稱	篇頁
	1259 1301 1350
喪儀	502 723 849 971
紫蕚(玉簪屬)	1089
炭筆	266
火鎗	50 802 824 881 885 892 897 944
飛白巖	651 1385 1397 1400
鹽務署	224 595 711 967 996 1249 1328 1329
鉛礦(方鉛礦)	503 603 1015 1046
化石硬鱗魚類	1564 1566
自衛團(商團)	366
白鷺	19 117 188 197
羚羊	132 480 593 686 704 708 709 717 719 745 875
	877 883 1014 1015 1016 1131 1236 1269 1270 1277 1327
	1337 1341 1532 1534 1535
黑尾羚羊	1337
化石羚羊	1516 1519 1564

名稱	篇頁
鶻	440 555 1063
高大之人	397
白露(霜)	1180 1217 1247 1269 1326 1336
杜松(檜)(刺柏)	156 311 321 497 638 788 832 833 834 848 1080
	1134 1137A
成吉思汗	677 692 1151 1167 1270 1271 1272
燒酒	103 119 272 469 525 529 591 698 789 842 861
	961 1052 1055 1081 1244 1273 1321 1325 1398 1442
柿酒	281
玉米酒	1071
黃連	84 320 442 717 892
風水	21 228 232 380 453 619 964 1025 1272 1412 1417
土食者	1354
跳鼠	169 699 1014 1163 1270 1273
銀杏樹	116 230 1065 1081 1082
化石麟類	1110 1297

名稱	篇頁
冰	441
製冰人	1478
皂角樹	228，1162
藤（蔓）	282，309，359，420，1395，1412，1415
花崗片石（片麻巖）	45，47，60，140，146，202，209，216，241，254，257，290，293，310，315，323，328，329，331，345，346，381，467，490，492，493，498，499，502，509，512，514，519，521，523，527，532，563，614，617，763，764，783，784，786，792，797，805，839，846，847，853，866，876，892，894，896，899，900，914，915，916，918，924，925，932，960，963，965，974，992，993，1026，1039，1040，1052，1053，1055，1058，1084，1087，1090，1097，1140B，1163，1170，1179，1181，1182，1183，1184，1185，1186，1188，1191，1194，1199，1200，1201，1203，1242，1243，1244，1249，1256，1258，1382，1396，1397，1406，1415，1418，1419，1426，1428，1447，1448，1451，1460，1470，1471，1476，1478，1550，1552，1561

名稱	篇頁
角閃片麻石	1245
捕蝿小燕（京燕）	1532
氣癭	192，311，312，314，319，347，397，433，506，516，526，528，532，544，564，867，943，953，1080
穀物	1052，1053，1097，1355
荒原禾草	1280
運河	1252，1375，1378
長城	5，40，46，48，64，162，165，167，191，426，430，431，433，436，441，449，462，464，467，501，502，506，507，513，560，617，662，671，702，703，704，705，768，796，798，800，801，804，914，1002，1011，1012，1017，1045，1052，1204，1207，1266，1267，1268，1277，1328，1340，1454，1455，1490，1491，1497，1498，1503，1533，1534，1535，1566
儲粮屋	1070
花崗石	39，40，63，163，166，168，192，194，201，220，241，253，254，255，257，258，261，273，280，282，283，

名稱	篇頁
	289，290，291，310，315，323，324，325，326，331，344，426，429，430，435，440，443，451，452，462，467，472，490，497，499，500，504，508，510，519，520，526，527，550，553，554，560，582，610，617，645，651，736，746，751，763，764，765，810，845，846，847，848，849，853，854，858，882，891，892，896，897，899，900，914，928，929，930，944，960，965，980，1007，1008，1009，1010，1011，1012，1013，1016，1027，1040，1052，1053，1056，1058，1060，1063，1067，1068，1069，1083，1087，1089，1090，1098，1206，1208，1209，1210，1222，1243，1245，1365，1381，1382，1399，1400，1409，1411，1412，1413，1414，1415，1416，1427，1428，1451，1452，1476，1477，1478，1540
花崗石質的	799
花崗石樣的	893
海草虫	1563
粗砂	465

名稱	篇頁
接木法	398
雹子	260，445，480，487，499，522，577，645，646，647，648
	649，1113，1116，1160，1379
石榴	362
石榴樹	1082，1381
鉄屑	626
石榴石類	615
穀倉	544，933，950
青蛙（蝦蟆）	19，109，1272，1278
砂巖	1044，1045
磁砂巖	1396
炭後所成之砂巖	1109，1114，1115，1141，1289，1297，1488，1566
紫砂巖	1056
罷工	249
西班牙感冒	966，968，972，975，976，977
礦內爆發氣	19，109，1181，1183

名稱	篇頁
畫眉鳥	1247, 1334, 1432
鈴鐺果樹	282, 322, 424, 717, 785, 787, 917, 1082, 1086, 1478
山洞	71, 163, 407, 494, 499, 1077, 1403
鶴(天鵝)	694, 962, 965, 968, 975, 1059, 1202, 1272, 1334, 1337, 1339, 1342, 1505, 1531, 1540
淺瀨	629
馬蜂	310
內亂	231, 237, 460, 964, 966, 1442, 1443
寄生植物	100, 209, 214, 220, 547, 556, 627, 631, 634, 1293
嚮導	281, 732, 1010, 1245, 1542
人形芝	644
六絃琵琶	365
白鷺	849, 933
石膏	91, 94, 211, 707, 708, 722, 723, 724, 725, 728, 729, 730, 731, 733, 762, 793, 1008, 1026, 1027, 1042, 1047, 1155, 1159, 1252, 1473, 1534, 1542

名稱	篇頁
住所(房屋)	1266, 1267
石斧	1232, 1237, 1238, 1243, 1245, 1437, 1567, 1568
海河(天津)	8, 37, 1252
海河工程處	9, 395, 577, 578, 581, 595
海林(吉林)	179
海城(甘肅)	739, 740
船曳(背縴)	1165
光輪(暈)	664
漢口日日新聞報	300
邯鄲縣(直隸)	117, 155, 159
漢中府	1364
雲豆(豆)	20, 23, 59, 69, 117, 258, 307, 338, 517, 519, 530, 587, 629, 645, 652, 666, 673, 676, 857, 1263, 1264, 1275, 1295, 1304, 1343, 1433, 1461, 1463, 1481, 1504
哈達	168, 1214, 1234, 1235, 1358, 1377
鎔礦爐	1079, 1205, 1354

名稱	篇頁
陸地蝸牛	218，1287
化石蝸牛	1289，1292，1294，1296，1299，1302，1307
血石（赭石）	1390，1391
萱草	125，221，270，290，424，560，1393，1414
地錢類（植）	86，95，221，304，553，557，1096
植物彙集	57，161，170，223，282，287，316，326，393，487，504，574，603，654，712，741，831，864，907，1181，1183，1196，1280，1291，1304，1333，1334，1343，1350，1358，1382，1387，1411，1412，1418，1420，1423，1430，1434，1442，1445，1569
藥舖	321
刺蝟	169，699，780，1163，1354
鷺（鵝）	132，169，207，216，797，962，976，979，1202，1247，1423
白鷺鷥	603，1070
鵁鶄	115，172
耙鋤	26，948，1054
夏縣（山西）	206

名稱	篇頁
鄉甯縣（山西）	244，245
小馬（三趾馬）	1297，1566
燕	705
海燕	886，895，1131，1202，1372
冬	28，1002
懷慶府（河南）	188
花馬池（甘肅）	1328，1533
黃風	1037
黃縣（山東）	1115，1280，1326，1414
黃河	1115，1137A
黃羊木頭	1524
華州（陝西）	292
華亭（甘肅）	1101
華陰縣（陝西）	289
河上（蒙古）	134，277，636，637
鶻鴿	1293

名稱	篇頁
徽縣（甘肅）	1070, 1081
惠安堡（甘肅）	710, 1122
河間府	1433
海參	1422
化石人	1518, 1565
蟬類	1083
殼蟬	263
河南	118, 152, 186, 1371
洪洞縣（山西）	134, 276, 380
醫院	302, 388, 1354, 1418, 1425, 1426, 1445, 1547
北京法國醫院	407, 413, 414, 574
掛鐘	1035
繡毯花	270, 422
園藝（種花術）	603
拯濟院	604, 1426
接待（招待）	69, 963

名稱	篇頁
河州（甘肅）	1033, 1143, 1144
河津縣（山西）	236
旅館（飯店）	65
北京飯店	591
酵母花	277, 434, 544, 546, 978, 1386, 1470
洪山縣（山東）	669
紅鬍子	396, 1249
湖北人	361
油	619, 955, 978, 979, 981, 992, 1275, 1302, 1351, 1397, 1442
	1452, 1482
栗子油	1053
油坊	673, 706
蠔子（牡蠣）	60, 1424
鳥冠	264, 436, 466, 637, 711, 795, 1062, 1138A, 1140B, 1184, 1292
蜂蜜水	1162
化石土狼	1110

名稱	篇頁
膜翅類	20, 1401
亞伯羅偉山	3
紅鶴	197, 199, 965, 969, 979, 989, 1062, 1091, 1101
益世報	389, 394
偶像	1188, 1272
水松（扁柏）	1078, 1085
山芋	1352
伊犁	1019
賦稅	305, 996
印刷業	998, 1036
森林火災	1064, 1066, 1067, 1068, 1091, 1099
火葬	1271
庚子拳匪賠款	595
藍靛	210, 252, 276, 279, 282, 290, 292, 318, 404, 531, 639, 813, 1175, 1221, 1231, 1248, 1350, 1383, 1390, 1433, 1448, 1455

名稱	篇頁
工藝	1436
殺害兒童	1526
讒罵	1276
水災	8, 175, 277, 328, 396, 403, 442, 455, 534, 573, 574, 598, 602, 603, 609, 1162, 1178, 1189, 1190, 1191, 1263, 1278, 1434
昆虫	20, 260, 266, 270, 320, 330, 430, 448, 502, 717, 836, 839
巴黎公教學校	1559
巴黎古人生理學校	1560
暴動	1301
鳶尾花	189, 203, 451, 479, 489, 504, 635, 709, 715, 753, 805, 809, 811, 820, 823, 824, 834, 847, 867, 899, 929, 1080, 1100, 1121, 1139A, 1140B, 1414, 1459
灌溉	10, 146, 196, 205, 276, 362, 386, 388, 406, 808, 810, 927, 1007, 1045, 1053, 1125, 1155, 1162, 1167, 1179, 1188

名稱	篇頁
	1191, 1274, 1343, 1476, 1481, 1545
玉	446, 539, 823, 861, 912, 1238
日本人	232, 1214, 1380, 1384, 1386, 1388, 1389, 1392, 1397, 1403, 1426
花園	25, 232, 233, 359, 363, 1049, 1160, 1224, 1273, 1444, 1445
植物園	1555, 1557
動物植物園	115, 397, 583, 1376
竹壺	1442
熱河	533, 1234, 1236
任邱	1433
耶穌會員	5, 229, 413, 910, 1358, 1439
茹素者	1108, 1301
棗	15, 146, 235, 236, 244, 370, 398, 531, 560, 652, 654
	, 687, 759, 791, 1044, 1045, 1102, 1103, 1140B, 1258, 1259,
	1291, 1352, 1382, 1398, 1452, 1457
砂棗樹	1138B, 1139B
侏羅層(地)	524, 1482

名稱	篇頁
韮沃斯(植)	126, 484, 693, 1181, 1266
裁判	1072
開灤礦務總局	59, 164, 575, 593
柿子	122, 148, 152, 193, 206, 207, 220, 234, 236, 264, 280
	283, 289, 333, 338, 352, 362, 372, 373, 381, 406,
	615, 616, 965, 967, 1070, 1071, 1074, 1092, 1399, 1414, 1454
	1553
張家口	41, 55, 56, 461, 462, 1170, 1204, 1371
甘肅	704, 870, 899, 917, 917, 1054, 1050, 1055, 1061, 1095, 1101
	1119, 1120, 1141, 1197, 1257, 1277, 1279, 1289, 1290, 1329,
	1359, 1374
甘州	1013, 1366
磁土	409
哈爾浜	4
恰克圖條約	473
京漢	6, 116, 154, 390

名稱	篇頁
慶陽府（甘肅）	1111, 1269, 1301, 1302, 1320, 1360, 1559, 1566
吉林	1203
觀音堂	1323
歸化城	1200
青海	865, 875, 886, 890, 907
穀子	21, 259, 1315
湖	396, 855, 1073, 1112, 1299, 1315, 1337, 1341, 1362, 1433, 1435, 1474, 1532, 1534
鹹水湖	709, 743, 1274, 1532, 1533, 1534
羊毛	735, 750, 869, 892, 893, 900, 913, 915, 940, 948, 952, 955, 1022, 1023, 1033, 1054, 1106, 1137B, 1148, 1170, 1174,
牛奶（乳）	20, 88, 665, 694, 790, 822, 1148, 1200, 1264, 1275, 1344, 1355, 1377, 1447, 1527
凝縮乳	256
萵苣（小生菜）	1162
喇嘛	483, 485, 486, 535, 823, 834, 835, 851, 878, 881, 904, 908, 921, 924, 926, 933, 934, 986, 994, 998, 1031, 1041, 1048, 1049, 1183, 1185, 1187, 1452

名稱	篇頁
喇嘛廟	55, 534, 834, 847, 850, 853, 856, 871, 921, 923, 931, 941, 978, 1166, 1171, 1184, 1187, 1191, 1192, 1195, 1214, 1241, 1247, 1456, 1458, 1459
痛苦（悲哀）	1423
油燈	209
乳油燈	851, 902
蘭州	766, 772, 791, 994, 1046, 1366, 1553
老西開（天津）	389, 394, 408
漆	264, 307, 967, 1063
菜蔬	289, 292, 342, 796, 858, 948, 1059, 1162, 1501
扁豆	23, 155, 614, 736, 789, 1057, 1094
豹	76, 99, 101, 119, 187, 221, 249, 254, 258, 259, 261, 267, 430, 440, 518, 558, 559, 731, 780, 800, 894, 985, 997, 1007, 1048, 1062, 1064, 1068, 1078, 1091, 1106, 1109

名稱	篇頁
	1112, 1236, 1287, 1305, 1306, 1376, 1379, 1455, 1473, 1479
癩病（天刑病）	1425
獵兎犬	1500
蜥蜴（蝎虎子）	19, 660, 686, 709, 749, 875, 1079, 1271
凉州	811, 1005, 810, 1006, 1017, 1366
蜻蜓	310
癬苔	62, 94, 99, 100, 126, 221, 553, 788
長春藤	1077
兎	17, 210, 260, 668, 686, 702, 836, 894, 897, 1212, 1270, 1273, 1336, 1459, 1531, 1541
小土兎	875, 896, 898, 932
接紮	80, 1106, 1382
褐煤（葉煤）	472, 498, 503, 525
蠡縣	976
釐金	200, 1049, 1125, 1163, 1175, 1206, 1327
紫丁香	221, 248, 258, 259, 270, 275, 282, 422, 433, 434, 545

名稱	篇頁
	635, 637, 642
百合科	424
胡麻（亞麻）	40, 48, 127, 272, 430, 445, 468, 471, 486, 733, 782, 786, 819, 857, 925, 975, 978, 983, 952, 953, 1082, 1094, 1125, 1278, 1463, 1476, 1481, 1482
語學	699
臨城	122, 399, 601, 606
旋花（牽牛花）	741, 745, 749, 865
藍牽牛花	1453
紅玉蘷花	270, 420, 424, 438, 786
書	359
灤河	527, 540
鰷魚類	48
黃土	41, 70, 82, 83, 86, 95, 118, 133, 135, 193, 198, 210, 227, 235, 236, 243, 244, 245, 247, 269, 274, 278, 444, 464, 631, 633, 647, 656, 783, 903, 921, 924

名稱	篇頁
(continued)	950, 974, 983, 987, 990, 1017, 1018, 1020, 1026, 1056, 1875, 1087, 1094, 1098, 1102, 1104, 1108, 1109, 1114, 1183, 1200, 1247, 1257, 1259, 1260, 1261, 1262, 1264, 1265, 1266, 1269, 1278, 1280, 1282, 1283, 1286, 1293, 1312, 1317, 1446, 1463, 1466, 1470, 1473, 1483, 1484, 1513, 1515, 1524, 1564, 1566, 1568
白黃土	779, 793, 992, 1042, 1052, 1053, 1054, 1056, 1058, 1103, 1114, 1115, 1116, 1120, 1257, 1260, 1278, 1279, 1327
沙黃土	1121, 1245, 1536, 1537
蚯蚓	20, 1394
隴海	356, 594
蘆溝橋	67, 116
潞安府	128, 1371
龍華	147
龍門	238, 377
狼	16, 87, 105, 117, 119, 129, 192, 233, 258, 359, 515, 518, 686, 717, 789, 800, 811, 836, 883, 894, 919,

名稱	篇頁
(continued)	920, 939, 974, 983, 1064, 1106, 1137A, 1182, 1265, 1266, 1267, 1270, 1293, 1297, 1319, 1455, 1473
白狼(匪)	299, 308, 310, 313, 314, 337, 964, 966, 984, 1066, 1072, 1082
瘤(凸鏡)	1491
紅狼	1014, 1015, 1109
蘆台	169
獺(水獺)	909
螢	123, 165, 312, 326, 526, 733, 1108, 1290, 1293
月	932
紫苜蓿	13, 20, 205, 657, 666, 705, 742, 746, 760, 1105, 1115, 1125, 1280, 1295, 1442
里	120, 196, 806, 866, 1224, 1488
山猫	1014, 1034, 1048
瓦匠	179
水菱	1436

名稱	篇頁
官府員	1324, 1494, 1495
磁鐵礦	1243, 1390, 1391, 1399
玉蜀黍(玉米)	22, 68, 71, 115, 155, 174, 218, 290, 305, 310, 318, 337, 344, 346, 357, 362, 419, 426, 514, 517, 522, 569, 747, 789, 973, 974, 979, 1071, 1074, 1100, 1160, 1181, 1229, 1295, 1321, 1380, 1383, 1413, 1423, 1432, 1446
房屋	33, 35, 41, 43, 77, 118, 136, 147, 174, 179, 194, 200, 203, 227, 243, 244, 253, 258, 260, 297, 307, 352, 361, 363, 367, 369, 406, 464, 493, 498, 546, 615, 631, 644, 647, 648, 655, 656, 665, 675, 692, 723, 727, 728, 742, 759, 793, 807, 818, 822, 829, 837, 840, 942, 987, 1043, 1054, 1062, 1063, 1068, 1070, 1098, 1101, 1104, 1105, 1115, 1118, 1126, 1128, 1148, 1162, 1171, 1206, 1219, 1220, 1257, 1263, 1265, 1303, 1308, 1320, 1328, 1339, 1341, 1342, 1344, 1345, 1347, 1349, 1360, 1361, 1372, 1391, 1395, 1405, 1424, 1427, 1428, 1450, 1451, 1482, 1483, 1491, 1493, 1497, 1498, 1503, 1504, 1524, 1526

名稱	篇頁
孔雀石	1390, 1399
馬蘭芋	561
暈船	1420
哺乳動物	1563, 1569
官員	137, 222, 231, 236, 244, 245, 250, 336, 609, 662, 684, 910, 927, 946, 948, 949, 955, 973, 984, 985, 995, 997, 1231, 1301, 1328, 1494, 1496, 1527
滿洲人	116, 499, 528, 531, 562, 795, 1005, 1046, 1131, 1137A, 1139A, 1140A, 1145, 1194, 1195, 1402
錳(化)	1391
滿洲里	3
馬鞍山	98
肥料一種	1070
毛(角)(幣)	81, 1218
雲石	1019, 1071, 1085, 1137A, 1138A, 1155, 1234, 1406, 1449

名稱	篇頁
杏霜雲石	1246
白雲石	453, 1194
結晶雲石	806
雲母石	491
糖狀雲石	455
市場	949, 1408
瑪爾谷波羅	482, 1433
釘馬掌人	493
海潮	61, 163
結婚	1432, 1526
鍋	1355
貉子（狢子）（雪鼠）	199, 801, 802, 803, 813, 826, 829, 832, 837, 839, 854
	855, 877, 930, 997, 1014
黏土（石灰泥）	1249
截嵌細工	1234
多條鞭	132, 206, 753, 886, 1187

名稱	篇頁
水狗（魚狗）	115, 190, 543, 1074, 1404
醫生	254
醫藥	172, 255, 345, 540, 713, 985, 1077
水母	165, 1419
落葉松	322, 324, 424, 430, 447, 516, 555, 582, 1389, 1459, 1476
	1479
香瓜（甜瓜）	1181, 1273
香瓜田	1258, 1259
動物觀覽園	1444
乞丐	215, 351, 369, 1381
門頭溝	418, 419, 423, 429, 446, 456
謊言	1319
木工	1057
雲海	325, 329, 346
度量	950, 956
冶金	92, 96, (97), 104, 620, 638, 1256

名稱	篇頁
氣象學	29, 111, 160, 181, 285, 391, 399, 416, 463, 564, 610, 663, 721, 771, 814, 906, 954, 1000, 1050, 1061, 1095, 1119, 1197, 1205, 1250, 1252, 1276, 1302, 1329, 1357, 1374, 1429, 1433, 1436, 1437, 1438, 1440, 1503, 1549, 1556
傢俱	954, 1057, 1058
磨之石臼	243, 529, 635, 707, 763, 983, 1259, 1262, 1388
臼石	1177
磨麵粉業者	924
白雲母	1398
雲母板巖	1415, 1447, 1448
細花崗石	1207, 1208, 1209, 1231, 1410, 1415, 1463
細黑花崗石	989
蜂蜜	123
鳶（鷂鷹）	105, 111, 208, 508, 632, 649, 650, 720, 797, 858, 969, 1272, 1273, 1532
小米（穀子）	18, 21, 42, 48, 62, 63, 119, 126, 193, 218, 305,

名稱	篇頁
	362, 456, 468, 471, 482, 492, 508, 514, 618, 666, 676, 733, 770, 791, 1019, 1136, 1218, 1222, 1272, 1273, 1275, 1313, 1322, 1336, 1338, 1341, 1343, 1354, 1380, 1383, 1405, 1443, 1481, 1504, 1532
野稗穀	1160, 1168, 1178, 1181, 1199
狗尾草穀	1181, 1213, 1215, 1219, 1315, 1398
百萬富戶	458, 1112
含羞草	1392
礦	228
煤礦	77, 92, 120, 121, 122, 166, 187, 242, 332, 384, 385, 418, 434, 456, 459, 460, 470, 606, 608, 658, 749, 1024, 1025, 1042, 1084, 1085, 1101, 1123, 1124, 1133, 1140B, 1152, 1180, 1182, 1183, 1185, 1214, 1235, 1239, 1241, 1247, 1249, 1254, 1259, 1356, 1388, 1389, 1391, 1392, 1393, 1394, 1397, 1398, 1403, 1449, 1450, 1464, 1472, 1486, 1488, 1491, 1493, 1497, 1567

名稱	篇頁
鉄礦	621, 1354, 1390
臨城煤礦	601
明	1437
教育部	1560
中新統(地)	1566
蜃樓	6, 110, 279, 585, 1122, 1327, 1421
鏡	1140A, 1509
傳教士	767, 768
天主各教會	1188, 1548
法國古生物學之遺出隊	1522, 1537, 1559, 1568
機關鎗	1548
喇嘛司教冠	1036
塑造者(製原型者)	314, 1179
家雀	731
收穫	22, 27, 33, 63, 484, 838, 1432
軟體動物	19

名稱	篇頁
保存之屍體	934
蒙古	467, 468, (492), 675, 1141, 1327
內蒙古	1206, 1250, 1377
蒙古人	473, 484, 486, 691, 692, 700, 801, (802), 872, 874, 909, 947, 996, 1130, 1135, 1146, 1151, 1159, 1173, 1175, 1177, 1183, 1190, 1213, 1214, 1221, 1223, 1225, 1226, 1229, 1246, 1278, 1272, 1276, 1328, 1333, 1374, 1458, 1506, 1512, 1526, 1530, 1541
錢幣	80, 788, 995, 1072, 1382
塊石製就之物	525, 526, 1082, 1215, 1226, 1260, 1280, 1319, 1393
神聖名山(五台山華山等等)	1381, 1382
當舖(質所)	948, 1229
時計表	1035
軍事紀念碑	739, 792, 806, 809, 951, 965, 1010
編笠蕈(稙)	221
瑪啡(鴉片精)	1214

名稱	篇頁
回教之士院	114, 728, 738, 924, 925, 947, 1073, 1126, 1433
自動脚踏車	1048
蒼繩	144, 1471
鷗	216, 761, 886, 1202
奉天	4
淡菜	162
麵粉磨	34, 88, 177, 245, 289, 290, 291, 344, 347, 381, 628, 780, 794, 804, 824, 856, 866, 908, 919, 921, 926, 949, 955, 983, 984, 1003, 1053, 1059, 1062, 1070, 1074, 1077, 1082, 1100, 1182, 1259, 1351, 1470, 1471, 1480, 1494, 1503
風磨	110, 398
石磨	834, 838, 851, 916, 939, 1031, 1458
石水磨	795, 834, 839, 840
石風磨	920
磨	21
青苔	72, 94, 221, 304, 553

名稱	篇頁
蚊虫	1059, 1132, 1139A, 1297, 1298, 1399, 1405, 1409, 1411, 1413
羊	17, 88, 486, 874, 887, 897, 985, 1163, 1393, 1531
騾	17, 80, 117, 597, 635, 639, 882, 930, 998, 1047, 1048, 1093, 1113, 1115, 1254, 1327, 1386, 1404, 1405, 1445
騾夫	227, 246, 272, 277, 404, 816, 920, 1305, 1497
軍火	1356
城墻	1185
桑樹	16, 130, 191, 272, 289, 406, 670, 759, 776, 1075, 1162, 1208, 1259, 1389, 1399, 1499
地鼠	558
雲母	472, 1444
陳列所	106, 296, 594
黃河白河博物館	1358, 1377, 1438, 1554, 1569
巴黎博物館	1559, 1560
音樂家	1493
回教人	113, 300, 409, 479, 509, 659, 677, 713, 714, 719, 723

名稱	篇頁
	724, 726, 727, 729, 730, 735, 739, 741, 747, 748, 750, 759, 768, 769, 789, 790, 794, 797, 805, 809, 840, 844, 856, 865, 867, 870, 873, 903, 912, 917, 918, 921, 922, 924, 930, 937, 943, 945, 946, 955, 959, 964, 978, 984, 986, 999, 1013, 1094, 1097, 1098, 1099, 1100, 1101, 1106, 1121, 1126, 1129, 1138B, 1139B, 1143, 1151, 1152, 1164, 1203, 1213, 1402, 1433, 1540, 1548
瑠玻草	445
百足類	20
南昌	798, 799, 809, 815, 1142
南壕塹	471
南口	39, 1204, 1553
南堂	38, 116, 1205, 1370
生產中率	1162
蔫	1434
航業	923, 995, 1128, 1141, 1152, 1539

名稱	篇頁
大墳墓	1346
雪	29, 110, 322, 327, 614, 618, 619, 638, 783, 786, 798, 800, 809, 820, 841, 848, 850, 853, 855, 881, 888, 916, 925, 949, 968, 977, 1078, 1252
荷花	25, 116, 241, 288, 367, 1385, 1387, 1428, 1564, 1567
新石器時代	1919
水蠍	20, 168, 1315
凝結之雪	1078, 1460
安定	1054
娘娘廟	714, 782
鳥窩	1285, 1289, 1291, 1293, 1305, 1309
寧夏府（甘肅）	1033, 1128, 1137A, 1140A, 1137B, 1272, 1372, 1537, 1539, 1568
寧武府（山西）	108, 1473
寧遠縣（甘肅）	961
榛樹	167, 261, 425, 497, 516, 619, 781, 1083, 1208, 1455, 1471, 1478

名稱	篇頁
揚水車（灌漑）	10, 110, 203, 204, 205, 209, 759
陰歷新年	178
（胡桃）核桃樹	90, 136, 131, 217, 245, 266, 306, 310, 326, 328, 376, 419, 421, 433, 438, 616, 759, 846, 927, 961, 978, 993, 1059, 1065, 1069, 1070, 1162, 1207, 1281, 1389, 1455, 1553
雲	1421
砂漠中之沃土茂林	665, 672, 809, 1337, 1340, 1341, 1342, 1499
蒙古宗教紀念石堆	469, 481, 484, 528, 702, 796, 803, 917, 1166, 1184, 1201, 1272, 1317, 1338, 1543
北京觀象台	413, 414
石黃	93, 159, 366, 1176, 1207, 1306
雞卵	1438
祭品	650
鵝	90, 886, 891, 895, 961, 990, 1044, 1059, 1247, 1435, 1540, 1544
家鵝	487, 510

名稱	篇頁
葱	1057, 1162, 1256, 1273
鳥	18, 39, 116, 164, 168, 172, 173, 175, 592, 1377, 1379, 1569
赤鐵礦	1399
影戲	644
野驢馬	785, 875, 878, 879, 880, 886, 1015, 1049
乙兩	80
海蛇尾類	1419
鴉片	296, 320, 325, 358, 429, 650, 662, 664, 683, 737, 746, 748, 753, 756, 778, 794, 807, 846, 947, 955, 958, 965, 973, 1006, 1017, 1027, 1081, 1086, 1105, 1106, 1133, 1137B, 1139A, 1173, 1175, 1183, 1213, 1256, 1274, 1279, 1335, 1338, 1432, 1437, 1487, 1489, 1495, 1500, 1505, 1506, 1532, 1534, 1548, 1552
縮著	1405, 1410, 1504
金	76, 80, 136, 168, 304, 525, 527, 744, 752, 770, 776

名稱	篇頁
	829, 832, 856, 912, 920, 985, 995, 996, 1013, 1024, 1038, 1072, 1093, 1235, 1236, 1243, 1335, 1336, 1382, 1399, 1409, 1411, 1413, 1414, 1427
暴風雨	149, 354, 645, 699, 798, 853, 855, 859, 883, 1118, 1135, 1159, 1161, 1306, 1493, 1522
橙樹	305, 1389, 1400, 1403, 1415
蘭科	423, 424, 547, 836
鄂多斯（陝西北疆）	664, 673, 721, 1146, 1148, 1177, 1197, 1214, 1266, 1268, 1270, 1272, 1334, 1357, 1444, 1504, 1531, 1549, 1561, 1563, 1568
金銀細工	695
大麥	21, 129, 225, 396, 445, 479, 752, 780, 792, 799, 825, 841, 697, 1105, 1125, 1431, 1454
楡樹	13, 68, 347, 475, 488, 497, 505, 516, 517, 518, 528, 637, 708, 717, 733, 858, 980, 1138A, 1162, 1175, 1186, 1188, 1193, 1199, 1225, 1270, 1274, 1334, 1457
通天草	459, 687, 719, 1290, 1304

名稱	篇頁
孤兒院	90, 301, 477, 496, 604, 648, 689, 812, 1072, 1173, 1179, 1402, 1403, 1418, 1446, 1501
化石箭螺	76, 119, 120, 614, 1392, 1563
正長石	1382
蕁麻	434, 741, 780
化石骨	1240, 1263, 1283, 1320, 1321, 1325, 1507, 1528, 1529
棉花	1106
烏拉山	1165, 1169, 1184, 1543, 1561
庫倫	489, 490, 679, 1203, 1551
熊	129, 436, .555, 558, 868, 894, 985, 1015, 1064, 1078, 1090, 1236, 1379, 1445
熊毛皮	162, 165, 1419
五台山	1456, 1462
五台縣	1465
鴇	19, 169, 673
共同工作場	1426

名稱	篇頁
廟宇	68, 86, 90, 95, 130, 139, 143, 163, 195, 203, 205, 239, 251, 256, 263, 289, 306, 315, 321, 323, 346, 364, 376, 378, 386, 448, 449, 471, 489, 509, 510, 511, 519, 539, 619, 522, 629, 660, 662, 717, 755, 758, 781, 793, 838, 839, 896, 905, 963, 1070, 1084, 1087, 1093, 1104, 1138B, 1194, 1228, 1247, 1254, 1259, 1320, 1339, 1345, 1346, 1351, 1381, 1384, 1387, 1394, 1399, 1402, 1424, 1433, 1453, 1456, 1457, 1462, 1467, 1468, 1484, 1487, 1492, 1493, 1494, 1496, 1503
白河	109, 395, 507, 509, 571, 1252, 1475
白古塔	713, 991, 1536
百靈鳥	1297
白蛉	1298
白菜	1255, 1345
頤和園	116, 1378
棺廊	1374

名稱	篇頁
舊石代的	1160, 1563, 1564, 1566, 1568
古生物學	1281, 1294, 1444, 1559
柵欄(籬笆)	5, 803, 1233
棕櫚	985, 1071, 1074
田螺科	20, 1128
全景	85, 86, 100, 139, 167, 268, 315, 423, 441, 447, 501, 535, 556, 557, 638, 716, 782, 786, 801, 826, 833, 903, 1020, 1184, 1212, 1397
豹	16, 440, 443, 515
包頭	1139B, 1166, 1169, 1173, 1545, 1546, 1553, 1561, 1568
包頭鎮	176
保定府	69, 1356, 1370, 1444
紙	204, 312, 327, 368, 371, 459, 551, 599, 811, 960, 963, 979, 1052, 1055, 1062, 1066, 1067, 1068, 1069, 1075, 1086, 1106, 1254, 1352, 1355, 1384, 1386
蝴蝶	139, 256, 261, 265, 282, 424, 425, 440, 836, 1136, 1186

名稱	篇頁
	1298, 1381, 1401
雀皇(瑞紅鳥)	267
避雷機	842, 1097
雨傘	353
裝飾品	1034, 1188
護照	71, 105, 343, 355, 653, 1422, 1492, 1499
渡舟子	1169, 1178
西瓜	149, 209, 297, 754, 739, 1041, 1181, 1194, 1379
甘諸(芋)	25, 204, 365, 531, 1103, 1229, 1405, 1408, 1410
供物碟	162, 1419
牧人	471, 526
愛國心	396
哨隊	338, 370, 377, 792, 884, 1011
罌粟花	115, 320, 325, 326, •424, 427, 770, 795, 847, 973, 1487, 1488, 1489, 1491, 1493, 1499, 1504
皮毛	89, 193, 228, 460, 643, 646, 674, 748, 861, 868, 869

名稱	篇頁
	903, 909, 948, 1033, 1034, 1257, 1258, 1264, 1265, 1345, 1355, 1473
漁業	60, 110, 563, 770, 895, 1208, 1232, 1378, 1418, 1420, 1421, 1422, 1434, 1435, 1500
桃	14, 186, 344, 637, 640, 702, 962, 1274, 1539
桃樹	1057, 1103, 1163, 1280, 1385, 1414
偉晶花崗石	346, 615, 764, 792, 965, 1009, 1047, 1057, 1179, 1186, 1206, 1244, 1247, 1400, 1411, 1412, 1413, 1415, 1453, 1551
油畫	1321
綢上油畫	851, 852
北戴河	60
北塘	110, 111
北堂	412, 413, 414, 574
直隸灣	167
北洋大學	396
北京	5, 38, 39, 115, 178, 396, 408, 411, 573, 1205, 1251

名稱	篇頁
	1358, 1431
京津泰晤士報	578
京漢	580
京奉	164, 390, 576, 577, 593
北京協和醫院	1376, 1431
朝拜者	323, 1037, 1381
塘鶩	1540
鉄鏟	194, 850, 960, 1067
寄宿舍	1418
苗木	408, 582, 594
鶺鴒	91, 99, 702, 1011, 1184, 1200, 1273, 1336
赤鶺鴒	509, 1007, 1133, 1459, 1462, 1490
玻璃珠	1395
鼠疫	4, 591, 593, 609, 614, 629, 685, 997, 1174, 1180, 1228, 1335, 1373, 1431
小工藝	1069

名稱	篇頁
小脚	480, 661, 1491, 1501
小鹽	1202, 1263, 1345, 1468, 1469
煤油	94, 209, 224, 302, 387, 388, 507, 540, 552, 1038, 1228, 1356
白楊樹	472, 489, 496, 516, 553, 586, 649, 657, 673, 753, 757, 759, 788, 791, 797, 808, 846, 858, 866, 918, 929, 989, 1112, 1137A, 1154, 1162, 1209, 1210, 1255, 1270, 1451
燈台	1424
藥材	215, 869, 1080
音韻的	748, 1068, 1201
照像	207, 536, 649, 661, 791, 955
銀元	80, 468, 507, 518, 521, 523, 539, 551, 599, 668, 670, 738, 763, 793, 860, 869, 969, 1017, 1048, 1059, 1106, 1108, 1113, 1133, 1204, 1212, 1220, 1241, 1256, 1325, 1501, 1510
喜鵲	699, 1532, 1546

名稱	篇頁
大彼德	1
石印石塊	409
已磨之石	1233
寶石	1186
已琢之石	1160, 1310, 1537, 1563, 1564, 1568
孝心	302
章魚(八臂鬼魚)	1420
鴿子	105, 125, 760, 886, 1021, 1265
辣椒(秦椒)	24, 73, 78, 201, 953, 956, 958, 962, 963, 1128, 1181
地楡	741, 1290, 1350, 1534
松	83, 102, 126, 166, 251, 264, 267, 269, 275, 311, 313, 322, 330, 346, 429, 497, 511, 518, 519, 525, 532, 539, 550, 553, 555, 619, 623, 626, 631, 635, 637, 737, 834, 1060, 1063, 1064, 1067, 1078, 1084, 1086, 1089, 1090, 1099, 1107, 1137A, 1138A, 1139B, 1162, 1184, 1187, 1209, 1210, 1213

名稱	篇頁
平陽府(山西)	107, 144, 145, 277, 1370, 1216, 1321, 1382, 1409, 1417, 1424, 1427, 1455, 1456, 1457
烟袋	233, 342, 354
海盜	110
蒲公英(藤栄)	752, 798
芍藥	221, 259, 454, 504, 516, 782, 1281
牡丹	80, 1079, 1080
平卷貝(動)	20
木曲鍬	1448
楓楊樹	1389
第三系最新統(地質)	1562
鉛	617, 911, 1039, 1156, 1162, 1398, 1400, 1417
潛水鳥	1315, 1434
雨	268, 1130, 1169, 1188, 1302, 1306
雎鳩(千鳥)	482
駝毛	1502

名稱	篇頁
牝山羊毛	641, 671
箭頭	1157, 1158, 1232, 1336
梨及梨樹	13, 186, 192, 207, 331, 349, 525, 538, 637, 759, 776, 914, 922, 927, 962, 1016, 1042, 1045, 1053, 1057, 1060, 1062, 1102, 1280, 1281
西伯利亞之梨樹	1248
野梨樹	248, 270, 945, 980, 1079, 1089, 1099
豌豆	269, 660, 709, 728, 925, 1162
魚	19, 141, 165, 173, 868, 886, 894, 911, 985, 1074, 1435, 1501, 1569
化石魚	1104, 1211, 1212, 1213, 1217, 1218, 1219, 1220, 1223, 1225, 1228, 1234
鹹魚	1434
巡警	222, 233, 246, 376, 437, 442, 478, 530, 1217, 1263
禮節	131, 1405
政治	1071

名稱	篇頁
化石水螅殼 化石珊瑚枝	1393
石葦	553, 837
蘋果及蘋果樹	14, 73, 152, 362, 440, 490, 497, 516, 524, 779, 1163, 1191, 1243, 1281, 1390
土豆子	25, 73, 100, 126, 249, 255, 269, 292, 310, 316, 321, 419, 424, 445, 471, 482, 494, 497, 507, 514, 525, 666, 676, 825, 838, 913, 1162, 1181, 1307, 1437, 1463, 1481, 1482, 1501, 1504
野蘋果樹	1082
水龍	121, 791, 1009
殯葬儀	1227
羽二重	1425
彭城	117, 120, 121, 156, 186, 608
橋梁	7, 89, 124, 127, 149, 151, 175, 205, 228, 236, 253, 276, 277, 278, 292, 294, 305, 306, 312, 313, 317, 327, 332, 351, 355, 360, 365, 378, 379, 381, 382, 385

名稱	篇頁
	386，387，500，511，573，584，586，598，616，623，634，656，815，818，845，859，910，927，942，949，953，955，987，990，1041，1046，1094，1114，1121，1127，1254，1260，1261，1263，1264，1265，1268，1317，1319，1320，1345，1346，1347，1383，1397，1404，1405，1410，1435，1447，1454，1470，1482，1491，1496，1497
鉄路橋梁	1380
氷橋	1044
蘭州橋	766，769，790，1000
天然橋	666，1339
臨時橋	89，96，1058
居民	20
猪（豕）	17，73，312，506，521，523，647，753，766，780，792，824，981，1246，1354，1356，1414
磁器	129，158
猬（箭猪）	1081

名稱	篇頁
雲斑石	1210
玢岩	1207，1218，1221，1226，1237，1243，1249，1394，1399
港	1424
擔夫（人夫）	306，307，308，309，961，978
担水婦	919，923，927
炭後所成之地質	1472
郵局	356
眼子菜	878，1202
陶器	76，79，105，118，121，148，157，193，208，276，384，593，626，750，755，985，993，1024，1039，1057，1073，1099，1101，1102，1123，（1125），1171，1813，1185，1207，1339，1394，1395，1396，1397，1464，1486
舊陶器	694，1564，1565，1566
變岩	465，466，1099，1140B，1182，1192，1208，1211，1215，1218，1230，1237，1241，1468，1469，1486
人力車	1140A，1385，1445，1469

名稱	篇頁
虱	1246
堡子(堡壘)	89, 225, 227, 344, 642, 656, 705, 793, 960, 965, 974, 975, 992, 1052, 1057, 1326, 1412, 1421
青草地	20
息借	1377
監獄	226, 1502
粮價	11
出會	48, 142, 145, 149, 273, 631, 992, 1084, 1088, 1455
清潔	188
李子	14, 186
李子樹	788, 1280, 1281
心理學	27, 45, 50, 64, 65, 74, 86, 89, 138, 140, 215, 235, 261, 266, 271, 272, 288, 327, 339, 380, 388, 445, 446, 560, 572, 639, 732, 783, 972, 973, 1169, 1177, 1192, 1303, 1311, 1326, 1328, 1455, 1457, 1477, 1531, 1533

名稱	篇頁
虼蚤	1306
井	10, 11, 128, 218, 352, 355, 378, 456, 487, 587, 677, 692, 705, 708, 799, 722, 734, 758, 764, 792, 811, 1009, 1019, 1104, 1122, 1125, 1138A, 1139B, 1162, 1175, 1179, 1338, 1431, 1532
噴水井	11, 156, 1378
臭虫	327, 748
黃鐵礦	94, 1047, 1185, 1236, 1254, 1390, 1391
金硫化鑛	1411
銅硫化鑛	1046
石英	1138A
藍石英	1226
石英岩(晶石)	1140A, 1419, 1420, 1422, 1423, 1424, 1456, 1457, 1462, 1465, 1480, 1535, 1541, 1563
修理工	1336
軟骨症	698, 1323

名稱	篇頁
房根(房基)	395, 995
木排(木筏)	96, 755, 756, 942, 943, 1039, 1045, 1164, 1538
小水蘿蔔	1273
狂瘋病	698, 1343
葡萄	289, 345, 965, 967, 1316, 1539
乾葡萄	234, 1255
回教曆第九月(齋期)	718, 1130
水螳螂	20
鷺鷥類	895
大鼠	705
蕪菁(不藍)	796
侵蝕	97, 372, 1107, 1142, 1262, 1289, 1372, 1498
林木重植	646, 649, 406, 475, 575, 579, 580, 594, 912, 927, 1162, 1175, 1402
收穫	1504, 1550
堡壘	1264, 1265, 1345, 1412

名稱	篇頁
甘草	215, 245, 248, 690, 705, 707, 709, 724, 732, 865, 938, 984, 1094, 1106, 1109, 1112, 1116, 1120, 1121, 1127, 1156, 1176, 1199, 1239, 1244, 1247, 1277, 1321, 1466, 1469, 1481, 1534, 1536
防壘	691
狐狸	17, 87, 294, 470, 507, 868, 981, 1018, 1106, 1236, 1289, 1473, 1524, 1541, 1167
杜鵑花(毛莨)	795
飯食	940
中國飯食	437
鏟剷	483
爬虫類	19, 1569
徵發	244, 245, 252, 310, 364, 956, 1093, 1115, 1174, 1185, 1449
復辟	411, 572, 1538

名稱	篇頁
暴動	56, 129, 379, 475
回徒暴動	365, 668, 1111, 1144, 1294, 1314
革命	217, 218, 295, 299, 411, 439, 1403
軍隊檢閱	973
化石犀	404, 1110, 1240, 1508, 1512, 1514, 1516, 1517, 1519, 1521, 1537, 1562, 1564
蕊香（石南花）	167, 322, 324, 786, 823, 832, 838, 1078
大黃	126, 321, 442, 717, 749, 830, 855, 1136, 1138A, 1270, 1281, 1457, 1459, 1471
砂糖製之酒	1376
漆樹	264
浮萏	535, 540, 1243
蓖麻子	23, 119, 241, 272, 376, 525, 527, 1219, 1295, 1347, 1350, 1443, 1448, 1504
儀式	1299
葬儀	977

名稱	篇頁
河	6, 7, 8, 48, 49, 67, 69, 73, 116, 175, 177, 207, 292, 294, 599, 627, 646, 647, 688, 728, 1115, 1116, 1264, 1268, 1270, 1301, 1449, 1494, 1496, 1517
米（稻）	5, 23, 40, 43, 55, 60, 62, 73, 89, 155, 186, 230, 241, 288, 290, 305, 309, 337, 381, 382, 445, 531, 566, 642, 649, 660, 666, 667, 965, 967, 1081, 1093
山稻	1410, 1427
江米（穤米）	203, 1103
稻田	1070, 1075, 1127, 1128, 1255, 1301, 1321, 1344, 1354, 1380, 1385, 1387, 1410, 1413, 1442, 1448, 1451, 1452, 1463
衣裳	1502
西洋槐樹	13, 59, 169, 1162, 1386, 1392
紅雀	1064
荆棘	788, 1073
蜀葵	811, 1248
葦蘆	172, 177, 203, 268, 974, 1259, 1289, 1304, 1340, 1352, 1433

名稱	篇頁
	,1434
露	1164,1293
玫瑰(薔薇)	83,136,191,193,201,218,242,257,258,516,642,782,1082,1084,1085,1281
輪	852
水輪	755,756,766,770,791,1043,1044
紡績車	1122
蔴苧之浸漬	952
道路	122,124,151,152,371,795,807,1022,1057,1120,1174,1264,1280,1426,1427,1437,1450,1455
山莓(覆盆子)	265
蜂窠	1067
躧趾(衰跡)	808
俄國人	1539
游砂	1344,1407,1496
腰刀	869,885

名稱	篇頁
袋	628,710,1274,1328
犧牲	1035,1382
聖加克	1154,1161,1541,1542
聖彼德堡	1
工資	64
蠑螈(鯢魚)	115
薩拉(甘北回族)	768,844,927,928,929,995,999,1122,1144,1151,1328
鹽池	1345
硝	12,107,408,1189,1468
鎗條桊	1163
敬禮(祝福)	64,65,152,1496
野猪	76,87,98,99,104,132,136,187,221,249,258,260,268,271,310,311,731,780,784,1048,1049,1063,1085,1086,1307,1473,1479
水蛭(螞蟥)	168,1500
三道河	1129,1139B,1154,1367,1561

名稱	篇頁
制錢	80, 693, 1233, 1415
杉樹	325, 447, 510, 716, 781, 789, 805, 823, 836, 839, 847, 915, 939, 980, 987, 1007, 1078, 1130, 1137A, 1139B, 1162, 1427, 1475, 1476, 1478
小水鴨	1299
蕎麥	22, 305, 327, 338, 424, 446, 471, 735, 978, 1161, 1200, 1203, 1217, 1222, 1246, 1317, 1319, 1325, 1334, 1341, 1383, 1432, 1504, 1532
副行星(衛星)	232
柳	137, 426, 516, 530, 544, 609, 636, 673, 687, 802, 832, 846, 1138B, 1153, 1160, 1231, 1260, 1274, 1322, 1341, 1454, 1478
山柳	267, 516
蝗虫	37, 169, 1220
胰皂	1039
虎耳草	424

名稱	篇頁
普受堂教會(甘肅蒙古)	1917, 1918, (1919), 1920, 1922, 1923, 676, 1354, 1560
鐵硫片石	1252
光澤片巖	1416
雲母片岩	1417
鹽片石	1264
鋸工	200, 1441
蠍子	20, 1071, 1108, 1305, 1471
彫刻	175, 316, 736, 1134, 1402, 1443
木桶	205
旱災	328', 1091, 1130, 1261, 1276
美國裸麥	1390
鹽	204, 213, 223, 341, 379, 387, 509, 521, 530, 642, 655, 710, 739, 744, 761, 767, 804, 961, 962, 967, 975, 986, 993, 1010, 1016, 1093, 1106, 1114, 1122, 1154, 1189, 1202, 1255, 1263, 1277, 1279, 1324, 1326, 1328, 1327, 1329, 1335, 1345, 1355, 1465, 1532, 1533, 1534

名稱	篇頁
鞍件	82, 658, 659, 852, 860, 1003, 1501
修道士	812, 1232, 1553
小路（徑）	84, 97, 140, 141, 198, 241, 242, 289
分離主義	408
墓地	1271, 1334, 1335
奴隷	1148, 1149, 1375
養蠶業	1385
蛇	19, 135, 169, 263, 274, 277, 307, 423, 441, 507, 555, 1089, 1092, 1232, 1260, 1271, 1353
化石蛇	1302
野茴香	424, 446, 467, 469, 717, 739, 1186, 1410
中國地質調查所	1561
芝麻	23, 62, 155, 156, 290, 305, 316, 530, 542, 1181, 1229, 1400, 1416, 1432
狗尾草	1315
小五台山	442, 446

名稱	篇頁
獻縣	6, 36, 109, 174, 181, 398, 583, 1358, 1371, 1432, 1442, 1556
荒原草（可以編物）	804, 878, 880, 1127, 1140[B], 1153, 1266, 1280, 1338
西瓜	634
已琢之燧石	1157, 1508, 1520, 1522, 1564, 1565, 1567, 1568
西安府	255, 294, 295, 304, 305, 316, 317, 355, 357, 363, 364, 1372, 1553
猴子	129, 147, 555, 1015, 1086, 1093, 1236, 1379
西寗	843, 860, 905, 908, 1029, 1033, 1038, 1145, 1166, 1377
西寗河	865, 872, 1027, 1039
西灣子	496, 1370
犁刃	624, 626, 740, 751, 948
駐華比國鐵路公司	606
農會	27
綏遠	1195, 1548
味增爵會女教士	1446

名稱	篇頁
絲	128, 206, 223, 228, 301, 776, 969, 1391, 1399
樫絲	1425, 1427, 1428
綱緞	1433
細猪毛	1082
織毛豆	4, 57, 1202, 1237
兵士	54, 200, 222, 237, 283, 287, 288, 305, 329, 334, 345, 355, 475, 476, 477, 480, 491, 589, 631, 734, 737, 777, 797, 798, 858, 965, 966, 969, 973, 975, 990, 1066, 1071, 1092, 1102, 1130, 1138B, 1164, 1165, 1177, 1187, 1193, 1194, 1195, 1203, 1210, 1239, 1241, 1262, 1266, 1273, 1274, 1351, 1422, 1444, 1458, 1492, 1524, 1527, 1544, 1547, 1560, 1568
回回兵	930, 936
青日	202
馬刀	1418
宋朝	1271, 1437
桃樹	12, 127, 128, 147, 199, 214, 218, 221, 253, 256, 359

名稱	篇頁
	380, 532, 631, 758, 759, 962, 1103, 1162, 1248, 1382,
	1448
棠	261, 497, 516, 1099
幻術者(篋)	270, 271
高粱(蜀黍)	4, 13, 22, 42, 48, 59, 62, 63, 68, 154, 155, 165, 231, 256, 279, 310, 337, 338, 376, 386, 445, 456, 459, 465, 468, 477, 492, 494, 508, 523, 530, 540, 541, 587, 599, 676, 702, 962, 1053, 1105, 1175, 1178, 1206, 1209, 1211, 1213, 1217, 1229, 1230, 1236, 1244, 1245, 1338, 1376, 1380, 1383, 1388, 1405, 1408, 1414, 1432, 1482, 1484, 1504, 1553
鰷	992, 996, 1026, 1165, 1189, 1202, 1222, 1258, 1325, 1355
風筒	92, 621, 874
硫磺	76, 90, 91, 95, 159, 304, 653, 760, 868, 1176
鞋	292, 294, 356, 635, 959, 978, 1067, 1139A, 1215, 1400, 1407
草鞋	1072

名稱	篇頁
泉水（泉源）	116，121，137，229，254，267，269，348，419，425，504，508，538，649，652，656，661，668，716，717，732，740，753，765，794，926，950，976，988，1013，1224，1254，1259，1263，1323，1344，1353，1381，1387，1393，1396，1398，1413，1445，1456，1463，1472，1477，1493，1497
溫泉	166，510，511，536，563，976，1377，1427，1428
硫黃泉	76，294，1382，1426
玉泉	116
聾啞	301，329，347
纖維製造業	1403，1414
廣嘴鴨	603
大蛾（天蛾）	265
賄路（底子錢）	121，150，575
四川人	1069，1079，1111，1143，1278，1279，1283，1290，1322，1352
美孚油行	299，303
彫像	736，1402，1443

名稱	篇頁
磚石	501，1234
碑石	203，373，296，1466，1467，1468，1469
西安府之石碑	296
駝卵石（化石碎駝卵）	1295，1300，1303，1304，1307，1310，1312，1313，1314，1315，1316，1517，1520
蕃木鼈製劇藥	105
佛塔	418，634，834，939，989，1040，1230，1458，1460，1461
宣化府	41，460，1205
宣統	116
糖	1187，1355
軍中疹熱	691
自盡	811
日光皂	1353
迷信	62，118，139，141，142，228，236，322，644，991，1016，1060，1081，1088，1094，1300，1303，1347
堋挖過量	1040，1294，1484，1518

名稱	篇頁
接骨木	311, 426, 497, 516, 1082, 1411, 1412, 1455
黑花崗石	98, 1399
工業聯合會	580
沙雞（寇雉）	1276, 1277, 1555
泗州	137, 253, 271
煙葉	25, 85, 304, 317, 338, 340, 341, 353, 778, 953, 960, 962, 990, 996, 1074, 1194, 1207, 1226, 1356, 1398, 1404, 1418
水煙（皮絲煙）	770, 777, 957, 967, 991
煙盒	1396
冠鴨	671, 674, 878, 889, 1052, 1115, 1161, 1202, 1277, 1337
銀兩	80, 790, 1048
泰山	1380, 1385
太行山	123, 155, 616
大名府	155, 156, 1223, 1371
大同府	45, 51, 52, 108, 1170, 1204, 1354, 1552, 1553

名稱	篇頁
大同河	837, 852, 1023, 1025, 1041
太原府	75, 88, 105, 388, 1352, 1254, 1369, 1495
大沽	111, 398, 410, 1355
達賴喇嘛	887, 1037, 1150
檉柳（紅荆三春柳）	13, 687, 701, 713, 733, 787, 882, 888, 1116, 1127, 1140B, 1162, 1164, 1165, 1168, 1270, 1273, 1380
唐山	59, 1205, 1440
唐縣	1448
塘沽	111, 398
製革業	460, 479, 698, 836
道士	163, 785, 1381, 1387, 1388
蝱蜚（馬蜂）	760, 803
道台	228, 664, 970, 1502
道清綫	187
大五台山	442, 1456
道尹	228

名稱	篇頁
地毯	777, 851, 861, 935, 1106, 1240, 1302, 1377, 1492, 1501
篩(箕)	86, 387
大直沽	1375
大清河	1435, 1445, 1446
土龍(田鼠)	686, 1107, 1186, 1483, 1565
利牽	1377
察哈爾	474
長辛店	68
彰德府	1436
朝陽	1235, 1240, 1246, 1247
正太	52, 70, 388, 389, 390, 593
正定府	69, 186, 602, 605
州	228
直隸	6, 597, 615, 1437
清華學校	1378
秦皇島	164, 1205

名稱	篇頁
染料	342, 359, 633, 811, 955, 1003, 1185, 1248, 1260, 1492
無線電	996, 1380
暴風雨	895
喇嘛廟	1036
網球	1502
帳蓬	812, 829, 833, 853, 854, 874, 877, 881, 888, 893, 896, 1147
豆腐	57, 1237, 1304, 1344
豆芽	1304
高田(台田)	119, 133, 135, 220, 371, 471, 615, 618, 643, 957, 1057, 1294, 1322, 1387, 1393, 1455, 1464
黃土	1209, 1288, 1290, 1291, 1293, 1319
紅土	44, 328, 337, 464, 620, 630, 632, 647, 657, 708, 725, 735, 753, 820, 859, 866, 905, 915, 918, 923, 924, 925, 949, 950, 955, 956, 957, 964, 986, 1008, 1026, 1042, 1057, 1058, 1060, 1070, 1073, 1075, 1087, 1091, 1101, 1109,

名稱	篇頁
	1159, 1285, 1288, 1289, 1293, 1294, 1296, 1297, 1298, 1303, 1307, 1308, 1312, 1318, 1321, 1401, 1485, 1486, 1537, 1538, 1566
茶	258, 312, 335, 862, 881, 887, 958, 1005, 1039, 1045, 1054, 1106, 1203, 1328, 1355
戲園	1445
茶館	1445
聖茶	1032
野茶	101, 1136, 1186
寒暑表	109, 111, 160, 170, 181, 285, 399, 416, 463, 564, 610, 663, 721, 771, 814, 906, 954, 1000, 1050, 1061, 1095, 1119, 1197, 1205, 1250, 1253, 1276, 1329, 1357, 1374, 1429, 1438, 1440, 1503, 1549, 1556
亞洲第三次調查團	1251
香爐捧持僧	1035
扁柏	6, 12, 130, 195, 208, 219, 220, 249, 251, 619, 941, 977, 979, 1057, 1058, 1060, 1072, 1074, 1080, 1162, 1258,

名稱	篇頁
	1321, 1381, 1382, 1384, 1387, 1402, 1471, 1490
橫枝扁柏	677, 1009, 1135, 1137A, 1498
西藏人	863, 868, 876, 880, 893, 895, 909, 918, 920, 924, 928, 933, 940, 941, 1032, 1146, 1148, 1151, 1390
天津	5, 11, 37, 59, 66, 109, 111, 114, 169, 172, 176, 181, 185, 394, 574, 591, 593, 1205, 1251, 1358, 1372,
	1377, 1431, 1436, 1443, 1554
虎	76, 119, 254, 388, 470, 517, 1182, 1376, 1455, 1473
地坑(湖北人住)	297, 1043, 1104, 1113, 1267, 1337, 1360, 1361
菩提樹	248, 258, 260, 282, 475, 497, 551, 1089, 1186, 1200
扁蝨	691
織布	88, 345, 387, 881, 890, 1215, 1274
麻布	191, 307, 345, 386, 946, 950, 967, 980, 1005, 1006, 1034, 1039, 1043, 1045, 1054, 1081, 1165, 1199, 1200, 1203, 1215,
	1219, 1264, 1327, 1344, 1349, 1350, 1351, 1355, 1496
屋頂	437, 528, 1217, 1228, 1242, 1249, 1383, 1391, 1412, 1416, 1427

名稱	篇頁
墳墓	4, 31, 102, 199, 202, 230, 403, 406, 834, 983, 1080, 1157, 1168, 1467, 1483, 1526
古墓	1245
皇陵	297
東陵	561
通州	572
黃玉	497
測量	1538
颶風	485, 675, 705, 1131, 1294, 1537
急流	427, 437, 439, 808, 1007, 1008, 1010
龜	19, 168, 226, 233, 248, 634, 1081, 1289, 1295, 1315, 1317, 1323, 1474
化石龜	1110, 1111, 1293, 1295, 1299, 1300, 1304, 1306, 1308, 1313, 1314, 1315, 1566
土人（藏邊）	841, 844, 856, 869, 904, 909, 995, 999, 1023, 1048, 1145

名稱	篇頁
獨立隊（民三蒙匪）	411, 678, 1130, 1150, 1151, 1165, 1173, 1177, 1183, 1184, 1269, 1512, 1548
綏遠特區	1172, 1188, 1190, 1194, 1199
塔	79, 118, 224, 229, 232, 236, 275, 297, 369, 371, 385, 520, 533, 537, 626, 636, 641, 642, 648, 659, 661, 671, 718, 810, 960, 1116, 1137B, 1138B, 1199, 1228, 1229, 1230, 1240, 1247, 1255, 1256, 1257, 1259, 1280, 1342, 1351, 1379, 1448, 1457, 1463, 1481
泥炭（軟煤）	672, 981
紅電汽石	497
軍事紀念塔	1464, 1483, 1485, 1486, 1493, 1536
旋轉工	777, 1180
粗面岩（地質）	1211, 1212, 1217, 1221, 1226, 1242
貿易	1355
戈壁之穿行	3
輪送	1039, 1046, 1324, 1343, 1382, 1529, 1531

名稱	篇頁
西伯利亞鐵路	1, (4)
灰華	71, 230, 252, 1077
移楊樹(鳳尾松)	84, 139, 248, 258, 267, 497, 1099, 1137A, 1186, 1213
地震	277, 378, 588, 964, 1112, 1142, 1336, 1359, 1377, 1378, 1500, 1554
寶藏	693
辮子	654
簾織物	304, 1390, 1406, 1407, 1408, 1464
三角測量	66, 1256
編物	957
三葉虫	1382, 1383
大猩(似人猿)	917
籬雀	1479
喇嘛之喇叭	1033
喇叭	997
畜羣	141, 198, 470, 696, 973, 982, 988, 1124, 1489

名稱	篇頁
濟南府	1380
秦州	632, 965, 1059, 1092, 1362
齊齊哈爾	3
凝灰石(白土)	1210, 1211, 1215, 1217, 1221, 1225, 1232, 1233, 1238, 1239, 1400, 1403, 1406, 1409
瓦	341, 1158
邱陵	68, 186, 297, 305, 363, 366, 865, 958, 975, 1042, 1403, 1470
鎢	1205
隧道(穿山洞)	124, 125, 126, 650, 944, 1260, 1354
天然穿山洞	1309
直軸水車	124
土耳其人	1233
青海	1144
欵冬花	974, 1062
蒲	1127

名稱	篇頁
太風	504, 662
鋻扶斯	52, 604, 605, 1161, 1548
返復鋻扶斯	1173
化石河貝	1288
大學	389, 1384
儲遺骨甕	1066, 1271
崖鶻	167, 969, 1108, 1297
工廠	230, 1023
松蘿	330
牝牛	17, 88, 442, 826, 893
簸篩	63
水雞（鳧）	211, 959, 961
龍（朮）	346, 687, 948, 954, 959, 963, 1039, 1053, 1054, 1055, 1056
	, 1106, 1116, 1127
河泥	106
禿鷹（鷲）	124, 138, 686, 699, 811, 868, 1006

名稱	篇頁
黃風	29, 112, 178, 180, 202, 231, 408, 617, 649, 651, 669
	, 671, 719, 755, 1020, 1037, 1108, 1263, 1269, 1358, 1364
鬣	16
果樹園	13, 1045, 1046, 1053, 1057, 1058, 1103, 1104, 1192, 1258, 1280
	, 1347, 1418
麵條	948, 1350
漆	341
黴毒	1047
玻璃	107, 159, 342, 750, 948, 1013, 1047, 1393, 1395, 1396
燈泡	107, 1351, 1395
玻璃絲	1395, 1396
小玻璃品	1395
海參	1422
鳩豆	728, 786
獸醫	340
葡萄林	15, 234, 281, 282, 309, 363, 394, 412, 426, 427, 428

名稱	篇頁
	,457,642,1207,1240,1247,1255,1270,1281,1390,1418,
	1432,1501
野葡萄株	167,191,265,310,523,546,555,1083,1090,1192,1398
仝上	167,266,269
舊城	1120,1123,1138^{A},1156,1165,1338,1339,1516,1566
歸化城	52,1170,1191,1193,1195,1205,1354,1369,1543,1547,1548
	,1553
田舍居	783
踰城	488,500,713,730,742,873,896,897,928,931,1010
葡萄酒	15,234,1398
醋	396,491,495
江米酒	1013
紫地丁花	377,504,512,644
胡琴	365,783
莢蒾	261,516
蝮蛇	423,1232

名稱	篇頁
馬鞭草	208,273,420,532,538,551
玻璃窗	1355,1395
食物價格	54,73,103,150,260,316,317,336,349,367,404
	,539,643,660,666,706,727,729,737,756,763,
	785,790,791,804,811,860,939,949,957,974,981
	,997,1011,1017,1059,1065,1072,1087,1106,1113,1121,
	1133,1137^{B},1169,1193,1199,1208,1214,1217,1218,1220,1223
	,1228,1239,1256,1325,1348,1415,1501,1539
竊賊	226,260,374,1210,1380,1495
行旅	200,201,240,675
望海樓	1379
楊爐	167,201,221,1082,1478
威海衛	1426,1427
衛縣	1403
衛河	288,292,297,336,341,344,347,354,355,958,1058
	,1094

名稱	篇頁
衛輝府	1436
番子宗教紀念物	824, 826, 837, 838, 842, 843, 916, 918, 936, 1023, 1043, 1512, 1543
排外	1097, 1108, 1567
蠹木蜂	1273
土人（土着）	1402
犁牛	788, 790, 795, 802, 804, 828, 837, 868, 870, 873, 874, 875, 876, 888, 891, 920, 928, 941, 946, 980, 981, 1003, 1137A
楊村	113, 162, 172, 173, 177, 184
窰子（土窰洞）	77, 90, 200, 493, 498, 631, 645, 648, 656, 689, 725, 983, 1102, 1103, 1107, 1115, 1257, 1266, 1279, 1301, 1303, 1317, 1318, 1322, 1327, 1483
橫濱正金銀行	1384
永寗州	646, 1258, 1261, 1350
蒙古帳棚	484, 486, 695, 872, 1146, 1147, 1183, 1184

名稱	篇頁
元朝	1374, 1437
山椒	781, 1389, 1448, 1452
徐家匯	413, 497, 1371
大葉藻	1422, 1427

後記

我是從數學史學習中逐步瞭解治黄史的。漢代《許商算術》的作者許商，好天文術數之事的王景、李尋善，他們既是數學家，又以治理黄河而聞名。我國現存最早的河工著作《河防通議》，將中國古典數學天元術運用到治黄工程中，創造了中國古代工程數學的一個高峰。除了數學史之外，内蒙古師範大學科學技術史研究還以少數民族科技史和地方科技史見長。李迪先生曾指出地方科技史研究的重要内容是人與自然環境變遷、科技遺迹與自然環境以及環境與生産的關係，此類研究具有明顯的現實意義和重要價值。想要通過大科學史研究，弄清變遷的原因和未來的發展趨勢，産出對于地方各方面的開發有更大、更直接價值的成果，這類研究大多離不開文獻。之後，李迪先生更是直接指出科技史研究不僅是對過去的科技工作和科技成果的回顧與總結，而且要着眼于現代，讓古人的發明創造爲今人服務，繼續在現代發揮其應有的作用。我將先生大科學史的治學理念視爲座右銘，在科研工作中更加注重讓科研成果服務于國家戰略與區域發展需求。

二〇一九年九月，習近平總書記在黄河流域生態保護和高質量發展座談會上指出，黄河流域在我國經濟社會發展和生態安全方面具有十分重要的地位。黄河流域生態保護和高質量發展是重大國家戰略。同年十月，黨的十九届四中全會提出『加强邊疆治理，推進興邊富民』，首次把邊疆治理寫入黨的文件。内蒙古師範大學組織科研力量，積極申報研究闡釋黨的十九届四中全會精神的國家社科基金重大項目，其中『中國特色社會主義民族區域自治制度自信研究』項目獲批。我承擔其中的『鑄牢中華民族共同體意識下的民族自治地方文化自信研究』子課題，而黄河是首選文化要素。二〇二四年，該項目順利結項，我也對黄河文化所藴含的時代價值有了更深的體會。

有鑒于此，我帶領文化遺産智能應用服務中華民族共同體建設『英才興蒙』團隊，以黄河爲主題，開展了文獻、文物、傳統工藝等多模態資源庫建設和跨模態應用示範工作。這次與内蒙古人民出版社合作出版的《黄河國家治理文獻集成》，旨在梳理和總結文獻中所藴含的歷史經驗和文化信息，爲當代及未來的黄河治理和地方文旅産業發展提供參考與借鑒。

感謝内蒙古民族文化産業研究院、巴彦淖爾市圖書館等单位的傾力相助，感謝内蒙古自治區黨委宣傳部、内蒙古出版集團、内蒙古人民出版社對本項目的支持與幫助。

在此，也向致力于黄河治理和大河安瀾的歷代先賢與當代典範表達崇高的敬意：你們的不懈努力與無私奉獻，爲黄河的安寧與人民的福祉築起了堅實的防綫；你們的智慧與勇氣，將永遠銘刻在中華民族的歷史豐碑上，激勵後人不斷前行。

董杰

二〇二五年一月